中等职业教育新型活页式教材

U0614162

农作物生产技术

（北方本）

主　编　王玉香　朱风彬　颜志明

中国海洋大学出版社

·青岛·

图书在版编目（CIP）数据

农作物生产技术：北方本 / 王玉香，朱风彬，颜志明

主编． -- 青岛：中国海洋大学出版社，2024．12． -- ISBN
978-7-5670-4073-1

Ⅰ．S31

中国国家版本馆 CIP 数据核字第 2024XX4804 号

NONGZUOWU SHENGCHAN JISHU（BEIFANG BEN）

农作物生产技术（北方本）

出版发行	中国海洋大学出版社
社　　址	青岛市香港东路23号　　　　邮政编码　266071
网　　址	http://pub.ouc.edu.cn
出 版 人	刘文菁
责任编辑	孟显丽
电　　话	0532-85902342
印　　制	日照日报印务中心
版　　次	2024 年 12 月第 1 版
印　　次	2024 年 12 月第 1 次印刷
成品尺寸	185 mm × 260 mm
印　　张	15.25
字　　数	358 千
印　　数	1—1000
定　　价	58.00 元
订购电话	0532-82032573（传真）

发现印装质量问题，请致电 0633-2298958，由印刷厂负责调换。

前言

PREFACE

随着我国产业升级和经济结构调整的不断加快，各行各业对技术技能人才的需求越来越迫切，职业教育的重要地位越来越凸显。为了更好地培养职业教育专业技术人才，进行课程体系改革尤为重要。

本教材是中等职业教育作物生产技术等专业的活页教材，编者根据 2019 年 1 月 24 日国务院颁发的《国家职业教育改革实施方案》及中等职业教育规划教材的要求，在对山东、河北、河南、山西等省的农作物生产做了调研之后，依据《中等职业学校作物生产技术专业教学指导方案》编写而成。本教材由校企协同开发完成，可操作性强；既强调对专业基础技能的掌握，又突出对岗位能力和职业素养的培养；既简要阐述农作物生产的基本知识，又着重培养学生掌握农作物的优质高产栽培技能。

本教材是新型活页式教材，具有以下主要特点。

1. 内容设计模块化。本教材采用模块化设计，每个模块内容独立，便于学生根据农时和生产环节灵活进行学习。同时，教材中融入实际生产的案例、图表、视频和数据，以增强教材的严谨性与实用性。

2. 编排方式多样化。本教材注重通过多样化的编排方式引导学生自主学习和实践操作。设置任务反思、任务拓展等栏目，引导学生自主探究，提高其分析、解决实际问题的能力。采用活页式装订方式，便于及时更新教材内容。

3. 评价方式多元化。本教材采用多元化评价方式，除了理论知识检测，还结合实践操作表现、小组项目成果展示、学习过程记录等进行综合评价，全面、客观地反映学生的学习效果和能力水平，促进学生综合素质的发展。

本教材共设置了十二个模块，每个模块包括三个项目。本教材主要介绍了小麦、玉米、水稻、花生、大豆、甘薯、马铃薯、棉花、谷子、甜菜、芝麻及烟草的生产技术。

平度市职业教育中心学校的王玉香、朱凤彬及江苏农林职业技术学院的颜志明担任主编，王玉香负责全书统筹。东营市垦利区职业中等专业学校的康凯、平度市职业教育中心学校的董平、于凌燕及济南市济阳区职业中等专业学校的张言朝担任副主编。模块一由王玉香、朱凤彬编写，模块二由张世香、史雪成编写，模块三由张言朝、陈炜编写，模块四由董平、颜志明编写，模块五由孙静静、纪晓军编写，模块六由倪寿蕾、郭洪波编写，模块七由张燕、张素志编写，模块八由张飞飞、窦磊编写，模块九由康凯、王伦世编写，模块十由于凌燕、侯元江编写，模块十一由周国、于凌燕编写，模块十二由许莉莉、毕建刚等编写。

编者在编写过程中，得到了平度市职业教育中心学校、安徽农业大学、青岛农业大学、济南市济阳区职业中等专业学校、东营市垦利区职业中等专业学校、高唐县职业教育中心学校、胶州市职业教育中心学校、江苏农林职业技术学院、苏州农业职业技术学院、黑龙江农业经济职业学院、新疆农业职业技术大学、新疆石河子职业技术学院、泰山职业技术学院等兄弟院校及平度市农业农村局等单位的大力支持；得到了安徽农业大学的朱英华、青岛农业大学的姜雯、潍坊科技学院的郎德山、苗锦山等专家的指导和帮助；收到了山东省青丰种子有限公司董事长侯元江、青岛田野飘香专业合作社理事长王伦世、平度市农业农村局朱瑞华、张素志、李金山、陶跃顺等高级农艺师提出的合理化建议和提供的优质素材。在此，向有关单位、专家和企业家表示衷心的感谢。另外，本教材在编写过程中参考了大量文献资料，在此一并向相关作者致以由衷的谢意。

由于编者水平有限，教材中难免存在不足或疏漏之处，敬请广大读者批评指正。

编者

2024 年 12 月

目 录
CONTENTS

模块一
小麦生产技术

学习内容提要

■播前准备：选用良种、科学整地、处理种子。

■播种：确定播种期、计算播种量、提高播种质量。

■实施田间管理：查苗补苗、肥水管理、病虫害防治、适时收获。

学习目标

■素质目标：通过学习，逐步培养工程思维的工作意识、科学严谨的学习态度，精益求精的工匠精神及助农、爱农、兴农的情怀，具备国家粮食安全战略意识。

■知识目标：掌握小麦生产的流程环节，理解小麦良种选择的原则、整地的基本要求、种子处理的具体措施以及田间管理的技术要求，能够识别常见的病虫害，并能制定出科学有效的病虫害防治措施。

■技能目标：能够科学规范地进行小麦的良种选择、种子处理、播前整地、适期播种、田间管理、病虫害防治及适时收获。

重难点

■重点：小麦的播种、田间管理。

■难点：选用良种、确定播种适期、处理种子。

项目一 播前准备

学习任务

1. 了解小麦的阶段发育类型及生产中的应用，理解良种对小麦生产的作用。
2. 掌握小麦播前准备的技术。
3. 了解小麦不同前茬的类型，并能熟练应用其不同前茬的整地技术。
4. 会选用小麦良种，能规范测定其生活力、发芽率，能正确处理小麦种子。

学习准备

课前自主学习本项目的活页资料，完成学习准备检测。

一、我国北方主要的农作物

只有充分认识粮食生产战略意义并提高对其的重视程度，才能让我们的国家和民族行稳致远，维持社会的持续繁荣与稳定，筑牢国防的坚实根基。北方主要的粮食作物有哪些？小组讨论探究并记录结果。

_____

_____

_____

二、种子对于农业生产的意义

种子是农业生产中最基本的生产资料，是农作物高产、多抗、优质的内在因素，是农业的芯片，这个说法有道理吗？分析原因。

□ 有道理，原因分析：_____

_____

□ 没有道理，原因分析：_____

_____

三、小麦良种具备的优良性状

良种是指在一定的环境条件下，能充分表现出高产、稳产、优质、抗逆性强、适应性好的特性，在生产上具有较高的推广和利用价值，能产生较好经济效益的种子。小麦良种的作用至关重要，表现在以下五个方面：

1._____ 2._____ 3._____ 4._____ 5._____

四、小麦良种的选用原则

小麦良种的选用原则是因地制宜、科学选择、适应生态、合理布局，做到高产与优质相结合，抗病与适应性广相结合，良种与良法相结合。

1.选择品种要立足于不同_____、_____和管理水平，兼顾品种的丰产性、抗逆性和品质专用要求，综合分析择优选用。

2. 结合早茬面积大、整地速度快的实际，品种应以＿＿＿＿＿＿＿为主，搭配弱春性品种。

3. 主导品种要明确，避免多乱杂，充分发挥好高产品种应有的增产优势。

4. 按照小麦品质区划的要求，专用小麦品种的选择要适应市场的需要，以＿＿＿＿＿＿＿＿＿＿定产，以产定＿＿＿＿＿＿＿＿＿，做到布局区域化、经营规模化、生产标准化、发展产业化。

五、红墨水法快速测定小麦种子生活力的原理

作物种子生活细胞的＿＿＿＿＿＿＿＿＿＿＿＿＿具有选择性吸收外界物质的能力，而死的细胞原生质膜丧失这种能力，红墨水染料可进入死细胞而使其染色。活细胞不能吸收红墨水所以不被染色。这一原理仅适用于胚细胞。所以，染色机理不但与质膜通透性有关，而且还与细胞（胚细胞和胚乳细胞）本身的结构和物理性质有关。

六、山东省小麦的良种类型

1. 强筋小麦品种：＿＿＿＿＿＿＿、＿＿＿＿＿＿＿、＿＿＿＿＿＿＿等。

2. 水浇条件较好的地区，推广多年的且有较大影响的品种：＿＿＿＿＿＿、＿＿＿＿＿＿等。

3. 水浇条件较差的旱地，可选用的小麦品种：＿＿＿＿＿、＿＿＿＿＿、＿＿＿＿＿等。

4. 中度盐碱地（土壤含盐量 0.2%～0.4%），可选用的小麦品种：＿＿＿＿＿、＿＿＿＿＿＿、＿＿＿＿＿＿等。

5. 种植特色小麦的地区，可选用的小麦品种：＿＿＿＿＿、＿＿＿＿＿、＿＿＿＿＿等。

七、小麦的生产概况

小麦是世界三大粮食作物之一，被人类驯化后的栽培历史已经超过了 5 000 年。世界上有 1/3 的人口以小麦为主食，小麦在中国的种植面积仅次于水稻。小麦浑身都是宝，其籽粒可以食用，秸秆还可提炼再生生物油或者用作饲料。请列出世界十大小麦生产国：＿＿

八、小麦的整地技术

常见的小麦前茬有早秋茬地、晒旱地、棉茬地、稻茬地。综合我国北方各地麦区高产田整地经验，小麦播种前整地的16字标准是：＿＿＿＿＿＿＿、＿＿＿＿＿＿＿、＿＿＿＿＿＿＿、＿＿＿＿＿＿＿。小麦播种前施肥，底肥的用量一般占总施肥量的＿＿＿＿＿＿＿%；小麦的种肥以＿＿＿＿＿＿＿＿＿＿肥为主，较为安全的种肥是＿＿＿＿＿＿＿。小麦播种前底墒水的灌溉方式有：＿＿＿＿＿＿＿、＿＿＿＿＿＿＿、＿＿＿＿＿＿＿、＿＿＿＿＿＿＿。

任务实施

任务1　选用良种

任务 1.1　探究小麦的阶段发育类型及应用

小麦种子萌发后，需经过春化阶段和光照阶段，才能正常抽穗结实。根据春化阶段对地温的要求程度与时间的长短以及对日照长短的反应，可将小麦品种分为 3 种类型。请通过查阅学习资料、专业书籍以及上网查询等方式，合作探究，完成表1.1。

表 1.1 小麦的分类类型及对应关系

春化类型	温度范围	春化时间	光照范围	光照时间	光照类型
冬性品种					反应敏感型
半冬性品种					反应中等型
春性品种					反应迟钝型

请根据所学，归纳总结出小麦阶段发育理论在生产上的具体应用，完善表 1.2 并学以致用，指导校外种植基地小麦生产的良种引用工作。

表 1.2 小麦阶段发育理论的应用

生产环节	阶段发育理论的应用
引用良种	<u>纬度 / 经度</u>，（二选一）相同或相近的地方引种较易成功。
确定适宜的播期和播量	冬性强的品种春化阶段长，耐寒性较强，可适当早播，且播量可适当少些；春性强的品种春化阶段短，幼苗初期生长发育较快，在适期范围内可适当晚播，播量可适当增加。
肥水管理	在光照阶段供给必要的氮素和水分，具有延缓光照阶段发育和延长生殖器官分化时间的作用，对培育大穗有一定效果。

任务 1.2 选用优良品种

通过教学平台、网络、专业书籍等渠道，整理出 5 个北方小麦良种的农艺性状、抗病性鉴定、成分含量、产量表现及适宜种植区域（济麦 22 已经整理好），完成表 1.3。

表 1.3 部分小麦良种的特征特性和种植区域

品种名称	农艺性状	抗病性鉴定	成分含量	产量表现及适宜种植区域
济麦22	半冬性品种，半直立，生育期 239 d，株高 72 cm，株型紧凑，千粒重 40.4 g	中抗小麦条锈病、白粉病，感小麦叶锈病、赤霉病和纹枯病，中感至感小麦秆锈病	蛋白质含量 13.2%，湿面筋含量 35.2%，沉淀值 30.7 mL，出粉率 68%，吸水率 60.3%	一般情况下亩产 450~570 kg；适合在中国黄淮海冬麦区北片的山东、河北南部等地种植

注：1 亩 =666.67 平方米。

小麦良种具备高产、抗倒伏、抗病性好、抗早衰等性状。在选择良种时需要考虑多种因素，包括种植地区的气候条件、土壤特性、种植目的。指导农民朋友咨询当地农业技术推广部门或参加相关的职业农民培训，以获取更多的种植指导和技术支持。

任务 2　科学整地

任务 2.1　参与小麦不同前茬的整地实践或虚拟仿真实训，合作探究并完善小麦不同前茬的整地方案，完成表 1.4。

表 1.4　小麦不同前茬的整地方案

前茬类型	整地技术措施
早秋茬地	早秋茬地整地，由于收获后距播种小麦时间较长，可以进行两次耕地。第一次在前茬收获后，先浇底墒水，再进行深耕；第二次在播种前浅耕，然后精细整地
棉茬地	
晒旱地	
稻茬地	

任务 2.2　施基肥

小麦生产施肥原则以底肥、农家肥为主，追肥、化肥为辅，氮、磷、钾配合施用。特别是旱薄地，更要增加底肥的用量，以充分发挥肥料的增产效益。小麦播前整地的底肥用量一般占总施肥量的 60%~80%。

现代农业中作物生产经常是测土配方后施肥，请利用学习准备资料、网络及植物生产与环境学科的相关知识，小组合作探究测土配方施肥的意义并学以致用，到生产一线指导小麦生产的施基肥工作。

任务 2.3　灌溉底墒水

小麦整地过程中灌溉底墒水所使用的机械设备不断得到更新，灌溉方法越来越科学。常见的灌溉方法有地面灌溉（畦灌、漫灌、沟灌等）、地下灌溉（滴灌等）、喷灌等。小麦播种时，土壤耕层水分应保持在田间持水量的 75%~80%。若低于此指标，就应该浇灌底墒水。灌溉底墒水通常有四种方式，理解并完成表 1.5 的左右连线任务。

表 1.5　底墒水的灌溉

灌溉底墒水方式	具体灌溉情况
塌墒水	在秋庄稼收获前先浇下一茬的底墒水
茬水	在土壤严重缺墒、水源充足和时间充裕的情况下，在耕地后浇的底墒水
蒙头水	在小麦适宜播期将过而土壤又严重缺墒的情况下，先播种、后浇的底墒水
送老水	在土壤分开缺墒不严重但水源又不太足时，在前茬收获后、翻地前浇的底墒水

任务 3　处理种子

任务 3.1　晒种

播前晒种的意义是种子发芽迅速、出苗率高、苗壮。在种植基地或其他场所练习小麦晒种并整理出小麦的晒种步骤，完成表 1.6。

表 1.6　小麦的晒种技术

技术要点	具体要求
1. 选场地	用席子等晒种，不能选择水泥地、柏油路面等场所晒种
2. 摊晒种子	白天均匀摊晒，种子厚度为 10～15 cm
3. 翻动	经常翻动
4. 夜间堆起	夜间堆起盖好
5. 晒种时间	连晒 _____ 天

任务 3.2　药剂拌种

小麦播前药剂拌种能有效预防部分病虫害。在实验室练习小麦药剂拌种的技术并整理出药剂拌种的技术方案，完成表 1.7。

表 1.7　小麦药剂拌种技术

药剂拌种	常用药剂	70% 吡虫啉悬浮种衣剂	具有触杀、胃毒的作用；其速效性好，残留期较长；虫接触后麻痹死亡；主要用于防治刺吸式口器害虫，药种配比为 0.2%
		6% 戊唑醇悬浮种衣剂	为三唑类内吸传导型种子处理杀菌剂；可防治附着在种子表面的病菌，也可在植物体内向顶部传导，从而杀死作物内部的病菌
		矮壮素	有控旺、抗倒伏的作用
		硼砂	有利于植株根系发育和开花结实
	称量仪器		
	配制药液器具		
	拌种器具		
	步骤	① 计算 ② 称量 ③ 配制药液 ④ 拌种 ⑤ 整理归位	

任务 3.3　测定种子发芽率

二维码 1.1　小麦种子发芽试验步骤

发芽试验是确定发芽率和计算播种量的重要依据，作物良种的发芽率在 85% 以上。扫描二维码 1.1，山东 ×× 种子有限公司委托学校作物生产技术专业实验室鉴定一种进口小麦的发芽率。在实验室完成测定小麦发芽率的任务，完成表 1.8。

表 1.8　测定小麦发芽率报告单

实验材料	山东 ×× 种子有限公司委托鉴定的进口小麦品种：_____
实验仪器	培养皿、镊子、滤纸、恒温箱等
实验步骤	
结果	该品种的小麦种子发芽率为 _____，□能　□不能（二选一）做种用

任务反思

1."一粒种子可以改变一个世界，一个品种可以造福一个民族。"而一粒优质的种子背后，凝结着科研人员一辈子甚至几代人的心血。推动种业振兴，只有把农业"芯片"牢牢掌握在自己手中。利用课余时间搜集小麦育种专家茹振钢、李振声的资料，将其在小麦良种培育工作及保障国家粮食安全方面作出的重要贡献在班级群内分享，谈谈自己的体会。

2.《中华人民共和国种子法》要求，种子生产经营者应当遵守有关法律、法规的规定，向种子使用者提供种子生产者信息、种子的主要性状、主要栽培措施、适应性等使用条件的说明、风险提示与有关咨询服务，不得作虚假或者引人误解的宣传。由此可见种子生产经营者依法经营的重要性。扫描二维码 1.2，了解更多的种子法内容并积极宣传，做种子法科普达人。

二维码 1.2　中华人民共和国种子法

任务拓展

测定小麦种子生活力

一、红墨水法快速测定小麦种子生活力

种子生活力是决定种子品质和实用价值大小的重要指标，生产上常常利用红墨水法测定小麦种子生活力，这种方法具有便捷、节省时间等优点。红墨水法测定小麦种子生活力的具体操作步骤如下。

1. 浸种。将小麦种子用 28℃~30℃ 的温水浸泡 3~5 h，让种子充分吸收水分并膨胀。

2. 切取。选择具有代表性的种子，用刀片将小麦种子沿腹沟切成两半，留取带有胚部的一半作测定用。

3. 染色。先配制好 5% 的红墨水溶液（即将 1 份红墨水加入 19 份清水中，混合均匀），然后将切取的麦种半片均匀摊在培养器皿或瓷盘中，将红墨水倒入（用量以浸没种子为宜）；染色 5~10 min，在此过程中可以轻轻搅拌，确保种子染色均匀，但要注意避免损伤小麦种子。

4. 冲洗。染色完成后，将小麦种子取出，用清水反复冲洗数次，直到冲洗后的水不再见到红色为止。

5. 观察。种子的胚不着色或仅带有浅红色的，即为具有生命力的种子。如果胚部呈红色，与胚乳着色的程度不同，即表明该小麦种子已经丧失了生命活力。观察时，将其拣出。

6. 计算。小麦种子生活力是指测试种子中具有发芽和萌发能力的种子数占测试种子数的百分比。如果供测试的小麦种子正好是 100 粒，具有发芽和萌发能力的种子数是 97 粒，小麦种子生活力为 97%。

二、TTC 法测定小麦种子生活力

在实验室使用 TTC 法测定小麦种子生活力（该项目曾是全国职业院校技能大赛中职赛项之一）时，被染色的是活种子；而使用红墨水法时，被染色的是死种子；就准确性而言，在正常情况下，TTC 法会比红墨水法更准确。扫描二维码 1.3，了解

二维码 1.3　TTC 法测定小麦种子生活力

TTC 法测定小麦种子生活力的方法。

在实验室练习红墨水法和 TTC 法测定小麦种子生活力，提高学以致用及服务乡村振兴的技能水平。

项目评价

班级		姓名		日期		
评价指标	评价要素			自评	互评	师评
信息获取	能否利用网络、工作手册、智慧平台、专业书籍等资源查找有效信息					
任务实施情况	能否熟练介绍小麦良种的特性、产量表现和适宜种植区域					
	是否掌握红墨水法快速测定小麦种子生活力的技术					
	是否会红墨水法测定小麦种子发芽率					
	能否进行小麦不同前茬的整地、施肥、灌溉底墒水					
	能否会规范处理小麦种子					
参与状态	是否按时出勤					
	是否积极参与任务实施					
	是否能与老师、同学保持多向、丰富、适宜的信息交流					
	是否积极思考问题，能否提出有价值的问题或发表个人见解					
	是否服从老师的管理					
经验收获						
反思建议						

项目二　播种

学习任务

1. 确定小麦的适宜播种时间。

2. 会计算小麦播种量。

3. 掌握小麦播种技术。

4. 能提高小麦播种质量。

学习准备

课前自主学习本项目的活页资料，完成学习准备检测。

一、分析耕作方式对小麦生产的影响

提高小麦产量是事关国计民生、社会稳定和经济发展的重大战略问题。提高小麦粮食产量、保障粮源充足是保民生、保稳定的前提。某农场采用"小麦－玉米"一年两季的复种方式。该农场连续几年都是秋季玉米收获后旋耕土地再播种小麦，小麦收获后为了抢农时直接播种夏玉米。小组合作探究以下问题。

该农场的做法是否合理？

_____

_____

原因分析：_____

_____

二、分析小麦适期播种的意义

利用学习资料分析播种时间对小麦生产的影响，完成表 1.9。

表 1.9　播种时间对小麦生产的影响

播种时间	播种过早	播种过晚	适期播种
结果表现			

三、"四定法"确定小麦播种量

确定小麦播种量的"四定法"是以田定产，以 _____ 定 _____，以 _____ 定 _____，以 _____ 定 _____。据粗略估计，在高水肥条件的麦田中，一般每亩小麦的播种量应根据品种特性来确定，具体而言，冬性、半冬性品种播种量应掌握在 _____ kg 左右，而春性品种的播种量则为 _____ kg 左右。

四、种肥的使用

小麦播种时，种肥应以 _____ 为主，碳酸氢铵吸湿性强，不宜与种子混播，尿素中含有缩二脲，做种肥时应控制用量，每亩以 _____ kg 为宜，最好单独施入播种沟中。_____ 做种肥较为安全，每亩以 _____ kg 为宜。施用种肥与麦种混播时，应干拌、混匀，随混随播。

任务实施

任务1　确定小麦的适宜播种期

结合学习资料分析新闻报道材料《预计 2022 年山东冬小麦适宜播种期较常年略偏晚》，合作探究完成确定冬小麦适宜播种期的表格并学以致用，指导当地农民朋友进行冬小麦的科学播种。

预计 2022 年山东冬小麦的适宜播种期较常年略偏晚

（大众网·海报新闻记者　梁雯　潘雯　济南报道）

随着天气转凉、秋日临近，冬小麦也即将进入播种期。今年山东什么时候种冬小麦合适？9月7日，山东省气候中心农业气象室高级工程师陈辰介绍，预计 2022 年山东冬小麦适宜始播期接近常年或略偏晚，其中，德州、滨州大部，淄博、烟台部分地区在 10 月 3~5 日；济宁、枣庄、临沂大部，菏泽、日照、青岛部分地区在 10 月 10~13 日；其他地区多在 10 月 6~9 日。

以上新闻表明，小麦播种时间不是随意的。小麦适期播种对培育壮苗与获取高产稳产具有十分重要的作用，生产者应该认真对待。根据实地调查数据并查阅学习资料等，整理出冬小麦的适宜播种期的确定方法，完成表 1.10。

表 1.10　确定冬小麦的适宜播种期

气温法	积温法
冬性品种：以平均气温稳定在 _____ ℃为适宜播期	积温法是根据当地常年气温资料，从日平均气温下降到 3℃之日开始（即连续 5 d 平均气温降至 3℃以下的第 1 天），往前累加日均温，当活动积温达到 _____ ℃时为最佳播种期，其前后 5 d 内为适期播种期
半冬性品种：以平均气温稳定在 _____ ℃为适宜播期	
春性品种：以平均气温稳定在 _____ ℃为适宜播期	
当地的冬小麦适宜播种时间：_____	

任务2　计算播种量

某农场计划播种冬小麦 10 ha，要求每亩基本苗数 16 万株，购买的某小麦种子千粒重为 38 g，发芽率为 95%，田间出苗率为 85%，请计算每亩冬小麦的播种量。各小组合作利用表 1.11 中的公式帮助该农场计算播种量，整理出冬小麦播种量的计算过程，完成表 1.11。

表 1.11　计算小麦播种量

每亩基本苗数 16 万株	小麦播种量的计算过程
种子千粒重为 38 g	
发芽率为 95%	
田间出苗率为 85%	
该农场的小麦播种量	＿＿＿＿＿＿＿＿＿＿＿＿kg
计算公式	每亩小麦的播种量 /kg= $\dfrac{每亩计划基本苗数 \times 千粒重 /g}{1\,000 \times 1\,000 \times 发芽率 \times 田间出苗率}$

任务 3　科学播种

目前，小麦播种主要采用先进的机械精量点播机进行点播（不能机械作业的山地等小地块采用手工撒播或条播法），但其行距大小及行距配置依地力和产量水平而异，新型智慧播种机更能保证下种均匀一致。周末时间调研当地小麦播种新型机械的使用情况，班级群分享调研结果。

提高播种质量是保证小麦苗全、苗匀、苗壮，实现小麦丰产的基础。参与基地生产实践或虚拟仿真实训，结合学习平台的资料，合作探究完成表 1.12。

表 1.12　小麦播种技术

技术要点	具体要求
1. 合理密植	种植密度：北方冬小麦区，高产麦田的群体指标是每亩基本苗＿＿＿＿＿＿万株左右
2. 计算播种量	计算公式：
3. 确定播种方式及行距	确定播种方式：一般采用条播法； 农机具：精量点播机； 确定行距： 亩产量 250 kg 以下的麦田，行距：16~20 cm； 亩产量 250~350 kg 的麦田，行距：＿＿＿＿＿＿＿＿＿ 亩产量 400 kg 以上的麦田，行距：＿＿＿＿＿＿＿＿＿
4. 确定播种深度	确定适宜的播种深度，意义：＿＿＿＿＿＿＿＿＿＿。 种子播种深度以＿＿＿＿＿＿cm 为宜
5. 施种肥	常用的种肥：＿＿＿＿＿＿＿＿＿＿＿＿＿＿＿＿＿ 种肥的用量：＿＿＿＿＿＿＿＿＿＿＿＿＿＿＿＿＿ 注意问题：种肥混播的，随混随播。最好是使用肥种分播机械
6. 均匀播种	选用现代化智慧播种机播种，下种均匀利于出苗均匀
7. 播后镇压	镇压时间：＿＿＿＿＿＿＿＿＿＿＿＿＿＿＿＿＿

任务反思

小麦播种有两个农谚：第一个是"秋分早，霜降迟，寒露种麦正当时。寒露到霜降，种麦莫慌张；霜降到立冬，种麦别放松。"第二个是"晚播弱，早播旺，适时播种麦苗壮"。

这两个有关小麦播种时间的农谚表达的意思一致吗？各小组讨论分析，将结果分享到班级群。

任务拓展

央广网轮台 2023 年 10 月 12 日消息（记者姜茸等） 眼下，正值冬小麦播种的关键时期，在新疆轮台县各乡镇的田间地头，北斗导航无人驾驶农机正在作业（图 1.1）。

图 1.1 智慧农机助力冬小麦高效播种

为保质保量完成冬小麦播种工作，今年，轮台县各乡镇提早准备，广泛宣传动员，科学调整种植计划，严格把好播种前的每一个环节，充分挖掘有种植潜力的地块，将冬小麦种足、种好，全力确保冬小麦能播尽播、应种尽种。

"我们群巴克镇今年计划播种冬小麦 25 000 亩，目前已播种冬小麦 16 000 亩，播种工作期间，我们按照计划和要求安全有序推进。同时还组织安排农业技术人员到各村的田间地头进行冬小麦播种技术指导和服务，为明年粮食增产丰收打下良好基础。"轮台县群巴克镇四级调研员库尔班·加帕尔说。

近年来，轮台县高质量实施"藏粮于地、藏粮于技"战略，大力推广新型智能机具，不断扩大良种覆盖面，推动科技成果转化，全力保障国家粮食安全，同时大力推进全程机械化、智能化种植，落实农机购置补贴政策，引导农机装备转型升级。

轮台县农业技术推广中心主任张滋林说："今年冬麦播种主要采用小麦半精量播种机，另外，我们用卫星导航播种，它的好处是播行直、下种匀、质量高，还可大大减轻劳动强度，有效提高土地利用率。今年，轮台县计划种植 13.5 万余亩冬小麦，预计 10 月底完成播种。"

智慧麦作技术将北斗导航、现代农学、信息技术、农业工程等应用于小麦耕、种、管、收全过程，实现生产作业从粗放到精确、从机械到智能、从有人到无人。

请通过网络等渠道了解更多的小麦播种新技术的应用，在班级群内分享。

项目评价

班级		姓名		日期			
评价指标	评价要素				自评	互评	师评
信息获取	能否利用网络、工作手册、智慧平台、专业书籍等资源查找有效信息						
任务实施情况	是否了解小麦确定适时播种的方法						
	能否确定小麦适宜的播种期						
	是否会计算小麦播种量						
	能否掌握提高冬小麦播种质量的措施						
	是否了解小麦播种新技术，如应用北斗导航应用于智慧播种等						
参与状态	是否按时出勤						
	是否积极参与任务实施						
	是否能与老师、同学保持多向、丰富、适宜的信息交流						
	是否积极思考问题，能提出有价值的问题或发表个人见解						
	是否服从老师的管理						
经验收获							
反思建议							

项目三 田间管理

学习任务

1. 了解小麦各时期的生育特点。
2. 理解小麦各时期田间管理的主攻目标。
3. 掌握小麦的田间管理技术。
4. 会制订小麦的田间管理技术方案。

学习准备

课前自主学习本项目的活页资料，完成学习准备检测。

一、小麦的一生

小麦的一生是指小麦从种子萌发到新种子形成的□过程□天数（二选一）。

二、小麦的生育期

小麦的生育期是指小麦从出苗到成熟所经历的天数。

小麦是喜凉长日照植物，其生育期的长短，常随品种特性、生态条件与播期早晚而变化。纬度海拔越高，生育期越□长□短（二选一）。我国冬小麦从南到北的生育期由 100 d 左右逐渐增加到 300 d 以上。我国生产的春小麦多在高纬度地区种植，春季播种，生育期一般为 100~140 d。

三、小麦的生育时期

为了便于研究和适应生产上的需要，冬小麦的一生一般被划分为 _____ 个不同的生育时期（见表 1.13），50% 的小麦植株主茎第 1 节离开地面 1.5~2.0 cm 的日期为_____。（春小麦没有越冬期和返青期。）

表 1.13　冬小麦的生育时期

生育时期	冬小麦生育时期划分的标准
出苗期	50% 以上幼苗的第 1 片真叶伸出胚芽鞘 1.5~2.0 cm 的日期
三叶期	50% 以上主茎第 3 片叶伸出 1 cm 的日期
分蘖期	50% 以上植株第 1 个分蘖从主茎叶腋里伸出 1~2 cm 的日期
越冬期	当气温稳定降至 3℃ 以下时，麦苗地上部分基本停止生长的日期
返青期	春季气温稳定上升到 3℃ 以上，麦苗心叶长出 1 cm 以上，叶色由灰绿转为青绿的日期
起身期	植株由匍匐状转向直立状，主茎第 1 节开始伸长的日期

生育时期	冬小麦生育时期划分的标准
拔节期	50% 以上植株主茎第 1 节离开地面 1.5～2.0 cm，用手指可以摸到地面上第 1 个茎节的日期
挑旗期	50% 以上旗叶全部露出叶鞘，叶片展开的日期
抽穗期	50% 以上麦穗抽出一半（不连芒）的日期
开花期	50% 以上麦穗中部小花开放的日期
灌浆期	50% 以上麦穗中的籽粒长度达到最大长度的 80%，从籽粒中可挤出汁液的日期
成熟期	50% 以上植株的籽粒变硬，呈现本品种固有特征的日期为成熟期

四、小麦产量构成要素

小麦的经济产量是生物产量的一部分，是收获对象。小麦经济产量由 _____、_____ 和 _____ 构成。在生产实践中，单位面积穗数、每穗粒数和粒重 3 个因素都很重要，忽视其中的任何一个，都不易获得理想产量。

每亩理论产量（kg）＝穗数 × 每穗粒数 × 粒重（g）/1 000

五、冬小麦的生长发育特点

1.冬小麦前期的生育特点是长根、长叶、分蘖等，生长中心以 _____ 为主。其中，冬前分蘖是决定穗数的关键。麦苗素质对以后的生长起很大作用，如果达到冬前壮苗，就有利于安全越冬，春季返青快，生长稳，成穗率高。

2.冬小麦中期，根、茎、叶、蘖等 _____ 器官已全部形成，长出全部茎生叶，分蘖由高峰逐渐走向两极分化；进入营养器官与结实器官并盛期，是决定成穗率和争取壮秆大穗的关键时期；生长变化大，速度快，对 _____ 要求十分迫切，反应也很敏感。

3.冬小麦后期营养生长结束，进入以生殖生长为主的阶段，生长中心集中到籽粒上。冬小麦籽粒中的营养物质，有 _____ 以上来自后期的光合产物。

4.小麦的茎由节与节间组成。一般地上茎 4～6 节，多数 _____ 节。各节间自下而上依次加长，_____ 节间最长。低者 60～70 cm，高者 140～150 cm，但以 80～90 cm 为宜。

高产麦田的小麦茎秆粗壮，节间 _____，基部充实，机械组织发达，富有弹性，有较强的抗倒伏能力。影响冬小麦茎秆生长的主要因素是 _____、_____ 和水、肥。

5.小麦穗的分化过程划分为 9 个时期，学习准备资料完成表 1.14。

表 1.14 小麦的穗分化时期

穗分化时期	外观形态
初生期	4 叶以前；分化叶、节和节间原基等营养器官
伸长期	4 叶展开，开始分蘖；茎叶原基分化结束，穗分化开始，_____ 阶段基本结束，光照阶段开始
单棱期	5 片真叶，或 5 叶 1 心；是决定 _____ 数的关键时期
二棱期	8 叶 1 心左右
护颖原基分化期	起身后；分化小穗轴和小花的阶段
小花原基分化期	植株已达 10 片真叶；小穗数定型期
雌雄蕊分化期	冬小麦拔节期，植株 11 叶 1 心
药隔形成期	13 片真叶左右
四分体形成期	小麦最后一片真叶完全抽出；孕穗期

6. 拔节孕穗期，是实现小麦花多、粒多的关键时期。此期小麦对水肥要求十分迫切，如缺肥少水则影响小花发育，尤其是四分体形成期，是小麦的需水 _____，如缺水则花粉与子房发育不良，结实率下降，产量降低。通常所说的"麦怕胎里旱"就是指这个时期。

7. 小麦籽粒中的营养物质，有 _____ 以上来源于后期的光合产物。因此，在小麦生长的后期，延长上部叶片功能期，防止早衰，提高灌浆强度，增加粒重，是生产管理的中心，也是提高产量的关键。

8. 小麦开花、授粉、受精，对环境条件要求严格，最适温度为 _____。大气最适宜的相对湿度为 _____。

9. 通过表 1.15 了解小麦籽粒形成及灌浆成熟过程，该过程共包括 _____ 个时期，_____ 时期被称为小麦顶满仓。

表 1.15 小麦籽粒形成及灌浆成熟过程

过程	时间	特点
籽粒形成过程	历时 9~11 d	从受精后子房膨大开始，到籽粒长度达到成熟长度的 3/4 为止；籽粒含水量高，占 70% 以上；干物质积累不多，占成熟籽粒总干重的 10%~20%；籽粒的宽、厚度增加较少，籽粒细长。本期末籽粒表面由白绿色变成灰绿色，胚乳由清水状变为清乳状

过程		时间	特点
籽粒灌浆成熟过程	乳熟期	历时 15~18 d	此期末体积达最大值时，叫"顶满仓"。籽粒含水量由70%下降到45%。籽粒颜色由青绿变成绿黄，表面有光泽。茎和穗仍呈绿色，中部叶片变黄，下部叶片开始枯死
	面团期	历时 3~5 d	籽粒干物质的积累由快到慢，其含水量降至38%~40%，胚乳变黏，呈面团状；籽粒体积缩小，籽粒颜色由绿黄转黄绿
	蜡熟期	历时 3~5 d	籽粒进一步充实，含水量降至25%，胚乳变成蜡质状，用指甲可以切断，此时蜡状胚乳挤不出来，又称"硬仁"。此期植株叶片和穗子变黄，只有茎节与穗颈节保持绿色。蜡熟末期，籽粒干重最大，是收获的最适时期
	完熟期	历时 7~14 d	籽粒含水量降至20%以下，干物质积累已停止。籽粒缩小，胚乳变硬，茎叶枯黄变脆，收获时易断头落粒。此外，籽粒的呼吸消耗和降雨的淋溶作用会使千粒重下降，如遇阴雨，休眠期短的品种，籽粒会在穗上发芽，降低产量与品质

10.影响小麦灌浆及粒重的主要因素有温度、光照、灌浆期间不良的气象条件和灾害性天气，等等。小麦籽粒灌浆要求的最适温度为_____℃，灌浆期要求土壤适宜的田间持水量为_____%左右。灌浆期间不良的气象条件和灾害性天气有高温、干热风、暴风雨、雨后骤热等。其中，_____是小麦后期灌浆的主要灾害性天气。

11. 为确保冬小麦安全越冬，需要处理好营养生长与养分贮备的关系，以培育壮苗。在此过程中，应尽量防止出现弱苗与旺苗（因养分贮备不足，这些苗在越冬时易被冻死）。请实地考察（或通过虚拟仿真软件学习）后，将冬小麦壮苗的标准补充完整填入表1.16。

表1.16 冬小麦壮苗的标准

评价项目	冬小麦壮苗的标准
苗龄	苗龄适宜，春性品种6叶1心，春性品种7叶或7叶1心
分蘖数量	春性单株4~5蘖，春性品种7叶或7叶1心
根系	根系发达，单株次生根_____条以上
叶色	正绿
长相	敦实，株高_____cm，一般不超过27 cm

任务实施

谚语有云"种好是基础，管好是关键"，可见田间管理对于农业生产的重要性。田间管理是否得当直接影响着作物的产量和品质。冬小麦的一生可分为前期、中期、后期 3 个生育阶段。

任务 1　实施前期田间管理

冬小麦的前期阶段包括出苗期、三叶期、分蘖期和越冬期 4 个生育时期，主要以营养生长为主。在这一阶段，冬小麦田间管理的主攻目标是实现全苗匀苗，促进根系生长增加分蘖，以达到冬前壮苗标准，并确保冬小麦能够安全越冬。

请根据此阶段冬小麦的生长发育特点及主攻目标，有针对性地参与生产实践或利用虚拟仿真实训，制订出前期田间管理技术方案，完成表 1.17。

表 1.17　冬小麦前期田间管理技术

技术要点	具体要求				
1. 查苗补种，疏苗补栽	缺苗断垄的补救措施： 浸种催芽及时补种的时间：＿＿＿＿＿＿叶期； 取密补缺进行移栽的时间：＿＿＿＿＿＿叶期				
2. 追施分蘖肥，浇好盘根水	肥水管理的条件：对于地力墒情不足或晚播弱苗进行肥水管理； 肥水管理时间：＿＿＿＿＿＿开始追肥浇水，促弱转壮； 肥水管理要求：随施肥，随浇水，及时松土； 施肥量：每亩施纯氮 3~4 kg				
3. 适时适量冬灌	冬灌适期：平均气温下降到＿＿＿＿＿＿℃左右时完成冬灌； 适量冬灌：水量不宜过大，但要灌透，以灌后当天全部渗入土内为宜。对无分蘖或分蘖过少的麦田，可以不灌，以免造成冻害； 冬灌的方法：喷灌、漫灌等				
4. 适时中耕与镇压	中耕的作用：松土保墒，减少病虫害，改善土壤的透气状况；提高地温，促进有机肥料的分解，利于分蘖和根系的发育，增加有效分蘖。 实施中耕：一般麦田冬前中耕不宜过深；旺长麦田可＿＿＿＿＿＿，以抑制其生长；水浇后的麦田必须及时中耕				
	镇压的作用：抑制生长。 实施镇压：旺长麦田的镇压在＿＿＿＿＿＿中午进行；土壤过湿不宜镇压；盐碱地不宜镇压				
5. 严禁放牧啃青	"畜嘴有粪，越啃越嫩"的说法有道理吗？原因分析：＿＿＿＿＿＿				
6. 防治苗期病虫害	主要虫害			主要病害	
	金针虫	蛴螬	蚜虫	白粉病	锈病
	地下害虫的防治措施： 方法：用辛硫磷等农药进行种子处理、土壤处理、毒饵诱杀。 器具：喷雾器、水桶、天平等。 化学防治步骤： 虫害发生情况调查→选择防治方法→配制药液→施药防治			白粉病、锈病的防治措施： 方法： 器具： 防治步骤：	

任务 2 实施中期田间管理

冬小麦的中期阶段包括返青期、起身期、拔节期、挑旗期 4 个生育时期。该阶段是冬小麦营养生长和生殖生长并进的关键时期，对肥水需求非常迫切且对肥水的反应十分敏感。冬小麦中期的主攻目标是实现秆壮不倒、穗大粒多，为丰产打下良好的基础。

请根据此阶段冬小麦的生长发育特点及主攻目标，有针对性地参与生产实践或利用虚拟仿真实训，制订出中期田间管理技术方案，完成表 1.18。

表 1.18　冬小麦中期田间管理技术

技术要点	具体要求		
1. 诊断苗情，分类管理	苗情类别	判断依据	管理措施
	壮苗		
	旺苗		
	弱苗		
2. 浇好孕穗水，酌施孕穗肥	小麦孕穗期对水分很敏感，是 _____ 期，各类麦田浇孕穗水的时间为拔节后 _____ 天； 对于脱肥的麦田，结合浇水每亩施纯氮 _____ kg		
3. 预防晚霜冻害	北方春季常有晚霜发生，制定预防晚霜冻害的措施：根据气象预报，在霜前 _____ 天浇水，有预防和减轻霜冻危害的效果		
4. 防治中期病虫害	主要虫害		主要病害
	麦蚜	麦叶螨	纹枯病
	麦蚜的综合防治措施： 方法： 器具： 防治步骤： 麦叶螨的综合防治措施： 方法： 器具： 防治步骤：		纹枯病的综合防治措施： 方法： 器具： 防治步骤：

任务 3 实施后期田间管理

冬小麦的后期阶段包括抽穗期、开花期、灌浆期、成熟期 4 个生育时期。该阶段是冬小麦进入生殖生长的阶段，生长中心集中到籽粒上。冬小麦后期的主攻目标是养根护叶，防止早衰，促进灌浆，增加粒数，提高粒重，丰产丰收。

请根据此阶段冬小麦的生长发育特点及主攻目标，有针对性地参与生产实践或利用虚拟仿真实训，制订出后期田间管理技术方案，完成表 1.19。

表 1.19 冬小麦后期田间管理技术

技术要点	具体要求				
1. 合理灌溉	后期，冬小麦要求土壤含水量以维持田间最大持水量的 ＿＿＿＿＿ 为宜； 小麦抽穗后浇 ＿＿＿＿＿ 水，以提高结实粒数； 小麦开花后浇 ＿＿＿＿＿ 水，争取籽粒饱满				
2. 科学叶面施肥	时间	叶面肥组成	叶面肥浓度	药液用量	功效
	开花至灌浆初期	尿素	1%~2%		
		过磷酸钙	2%~4%		
		磷酸二氢钾	0.2%		
3. 防止早衰与贪青	施肥氮素要适量，宁少勿多； 土壤含水量要适宜，保持田间最大持水量的 ＿＿＿＿＿% 左右				
4. 防止"青干逼熟"	选用早熟品种，避开干热风的袭击； 加强后期管理，适时浇水，减轻干热风的危害				
5. 防止倒伏	小麦倒伏的原因	防止小麦倒伏的措施			
	品种抗倒能力差	选用抗倒品种			
	不良环境条件的影响				
	栽培措施不当				
6. 防治后期病虫害	主要虫害	主要病害			
	吸浆虫	赤霉病	白粉病	锈病	叶枯病
	吸浆虫的防治措施 方法： 器具： 防治步骤：	赤霉病的防治措施 方法： 器具： 防治步骤：			
7. 适时收获	收获方法	收获时间	优点		
	人工收获	蜡熟末期	籽粒千粒重最高		
	联合收获	完熟期	利于收割与脱粒		
	留种小麦	完熟期	发芽率最高		

任务反思

1. 小麦抽穗后，根、茎、叶基本停止生长，生长中心转向穗部，茎叶制造和贮存的有机养分不断向籽粒输送。这个时期，常因缺肥使叶片早衰，造成千粒重下降而减产。

小麦早衰应及时补肥。通常在小麦孕穗到灌浆初期，叶面喷施氮、磷、钾肥，以补充土壤养分的不足，延长叶片功能期。可用 0.2%~0.3% 磷酸二氢钾溶液加 1% 尿素溶液喷施，每隔 10 d 喷 1 次，连喷 2~3 次，出齐叶时加喷 1 次效果更好。

请仔细阅读上述资料并合作探究：应对小麦早衰要注意哪些问题？

2. 冬小麦返青起身期，正是小穗分化期，是决定小穗数的关键时期，影响的主要因素是温度与养分。请根据冬小麦穗分化规律来判断农谚"春寒穗大"有没有一定的科学道理。

任务拓展

无人机喷施小麦叶面肥的新技术

冬小麦开始返青就进入生长的关键期。济南某区把握小麦生长节点，计划在春季小麦返青期继续开展叶面肥增施工作，继续利用无人机对小麦喷施叶面肥，预计作业面积 2 万亩，助力小麦苗壮生长，为粮食丰收保驾护航。

传统的小麦栽培模式，施肥不仅效率低、撒施不均匀，还易造成局部肥料集中或者无肥的情况。根据生产实际和智慧农业的特点，试分析无人机喷施叶面肥的优点。

项目评价

班级		姓名		日期		
评价指标	评价要素			自评	互评	师评
信息获取	能否利用网络、工作手册、智慧平台、专业书籍等资源查找有效信息					
任务实施情况	能否理解冬小麦前中后期生长发育特点					
	能否根据冬小麦生育特点制订其田间管理方案					
	是否能正确识别常见的小麦病虫害					
	能否调节环境影响因素以保障小麦的健康生长发育					
	能否确定小麦适宜收获期					

班级		姓名		日期		
参与状态	是否按时出勤					
	是否积极参与任务实施					
	是否能与老师、同学保持多向、丰富、适宜的信息交流					
	是否积极思考问题，能提出有价值的问题或发表个人见解					
	是否服从老师的管理					
经验收获						
反思建议						

模块拓展

春小麦的生产技术

一、适期早播，提高播种质量

我国春小麦主要分布在高纬度或高海拔地区，春季温度上升较晚，当春小麦进入分蘖期时，温度上升很快，拔节期又受到干旱的威胁，这些情况都要求春小麦早播；而春小麦种子耐寒性强，能在 1℃~2℃ 下缓慢发芽，适合早播。因此，适期早播，缩短播期，是春小麦高产栽培的一项重要措施。

春小麦的具体播种日期应以种子能在土壤中吸水萌动并保证播种质量为宜，一般在春季昼夜平均温度稳定在 1℃~2℃，土壤化冻到 5~8 cm，可以保证覆土良好时，即可开始播种。我国春小麦的播种适期为 3~4 月，北部高寒地区一般为 4 月中下旬，南部可适当早一些。播种时要注意适当浅播，深度以 3~4 cm 为好，浅播利于早出苗和幼苗早发。

二、合理密植

春小麦分蘖期短，分蘖能力弱，成穗率低，分蘖穗在产量组成中的作用较小，一般习惯上采用高播量、高密度，以子保苗，以苗保穗，依靠主茎成穗夺取高产。以主茎为主，同时争取适当分蘖是春小麦增产的中心环节。春小麦播种量一般应掌握每亩 15~18 kg。

三、前期早促早管，后期防止贪青或早衰

第一次肥水应在三叶期施用，拔节孕穗期再适时浇水和适当追肥，防止后期贪青或早衰。另外，前期中耕是提高地温、促进根系发育的重要措施。

春小麦的其他生产技术与冬小麦大致相同。

北方春小麦生产的技术瓶颈在于品种改良和技术不匹配等等，请利用课余时间探究春小麦生产的新技术。

模块二

玉米生产技术

学习内容提要

■播前准备：选用良种、科学整地、处理种子。

■播种：确定播种期、提高播种质量。

■加强田间管理：查苗补苗、中耕除草、肥水管理、防治病虫害、适时收获。

学习目标

■素质目标：通过学习，逐步培养工程思维的工作意识、科学严谨的学习态度、精益求精的工匠精神及助农、爱农、兴农的情怀；具备国家战略粮食安全意识。

■知识目标：掌握玉米生产的流程环节，理解玉米良种选择的原则、整地的基本要求、种子处理的具体措施、田间管理的技术要求，能够识别常见的病虫害，并能制订出病虫害防治措施。

■技能目标：能够科学规范地进行玉米的良种选择、种子处理、播前整地、适期播种、田间管理、病虫害防治及适时收获。

重难点

■重点：玉米的播种、田间管理。

■难点：选用良种、确定播种适期、处理种子。

项目一　播前准备

学习任务

1. 了解杂种优势、玉米类型和种植方式的方法。
2. 理解玉米良种对生产的作用。
3. 熟练应用春茬、夏茬玉米播前整地技术。
4. 会选用玉米良种，能规范处理玉米种子。

学习准备

课前自主学习本项目的活页资料，完成学习准备检测。

一、杂种优势

杂种优势是指由两个或两个以上不同的亲本杂交所产生的杂种 _____ 代，在生长势、生长量、生活力、结实性、发育速度以及对不良环境的抗性等方面，优于其亲本的表现。

利用杂种优势不仅可以提高作物的产量，改善品质，而且可以提高作物的抗逆性和适应性。玉米是利用杂种优势比较成功的作物之一。

二、玉米的类型

玉米的类型较多，分类依据不同，种类也不同。查阅资料完成下列空格：

1. 按生育期，玉米分为 _____、_____、_____。

2. 按籽粒形态及结构，玉米分为 _____、_____、_____、_____、_____、_____、_____、_____。

3. 按营养成分，玉米分为 _____、_____、_____、_____、_____。

三、小组合作探究：选用玉米良种

良种是玉米增产增收的关键，选择适合当地种植的优良品种尤为重要。用所学的知识给出山东省的玉米良种选择建议：

1. _____

2. _____

3. _____

四、北方玉米的种植方式

北方玉米的常见种植方式：_____ 和 _____。

五、玉米的合理密植

玉米的合理密植是提高作物产量的重要措施之一。合理密植，可增大绿叶面积，提高作物群体对光能的利用率，同时还能充分利用地力。

合理密植的原则：

1. 根据品种特性确定密度：早熟、矮秆、株型紧凑的品种密度应 _____；晚熟、高秆、叶片平展的松散型品种密度应 _____。

2. 根据地力、水肥条件确定密度：一般肥地种植应 _____，薄地应 _____；水浇地应密，旱地应稀。

3. 根据播期确定密度：夏播玉米生育期短，宜 _____；春播玉米生育期长，宜 _____。

4. 根据气候条件确定密度：地势较高、气温较低的地区，应密植；地势低、气温高的地区应稀植。

任务实施

任务 1 选用良种

任务 1.1 探究选用良种的原则

玉米原产于热带，属于喜温、短日照植物。玉米植株高大，产量高，是需水、肥较多的农作物，是 C4 喜光植物，对土壤的要求并不严格。根据玉米生长发育与环境条件的关系选择适合当地的良种是提高玉米产量的重要途径。请利用教学平台的资料及网络等媒体途径，探究玉米生产选用良种的原则，完成表 2.1。

表 2.1 选用玉米良种的原则

序号	选用玉米良种的原则
1	
2	
3	
……	

任务 1.2 科学选用玉米优良品种

通过智慧平台资料、网络、专业书籍等渠道，整理出农大 62、沈玉 17、浚单 20、冀玉 10 号、掖单 22 号、京科 8 号的特征特性和适宜种植区域（农大 62 已经整理好，见表 2.2）。

表 2.2 部分玉米良种的特征特性和种植区域

品种名称	农艺性状	抗病性鉴定	品质分析	产量表现种植区域
农大 62	中早熟夏玉米品种，平均生育期99.3 d，株高245 cm，穗位103 cm，茎秆直立	高抗矮花叶病，抗大斑病，感小斑病，对弯孢菌叶斑病抗至高感	水分9.4%，粗蛋白8.86%，粗脂肪4.25%，赖氨酸0.28%，粗淀粉72.28%	区试平均亩产532.6 kg；适宜北京地区夏播种植
沈玉 17				
浚单 20				
冀玉 10 号				
掖单 22 号				
京科 8 号				

玉米良种应该具备高产、抗倒伏、抗病性（如叶斑病、锈病、茎基腐病）强、抗高温、耐涝灾、抗早衰等优良性状。生产者在选择品种时，可以参考上述特性，也可以根据自己的生产需求选择合适的玉米品种。此外，建议生产者咨询当地农业技术推广部门或参加相关的职业农民培训，以获取更多的种植指导和技术支持。

任务 2　科学整地

任务 2.1　参考种植基地实训经历，结合学习准备材料，请小组合作探究制订出春玉米、夏玉米的整地方案，完成表 2.3。

表 2.3 玉米的整地方案

播种时期	整地方案
春玉米	
夏玉米	

任务 2.2　灌溉底墒水

玉米播种时，土壤耕层的水分应保持在田间持水量的 75% 左右。在一般年份，不需要进行灌溉。除遇特殊旱情，当玉米播种期田间土壤相对含水量低于 60% 时，应及时灌水，灌溉量通常为 600 m^3/hm^2。结合学习准备资料，请小组合作探究玉米播种前的节水灌溉方式，并到种植基地或参与虚拟仿真实训进行灌溉实践。

任务 2.3　酌施基肥

提倡进行测土配方施肥，根据土壤肥力状况，确定施肥量和肥料比例。将全部有机肥、磷肥、钾肥、锌肥以及 30% 的氮肥作为底肥，在整地时一次性施入。请小组合作，查阅资料完成表 2.4。

表 2.4　玉米播前基肥的施用

项目	具体要求
基肥的作用	
基肥的用量	
基肥施用方法	

任务 3　处理种子

任务 3.1　晒种

玉米晒种可以提高发芽率，促进早出苗。请到种植基地或其他场所练习玉米晒种，整理出玉米的晒种步骤，完成表 2.5。

表 2.5　玉米晒种技术

技术要点	具体要求
1. 选场地	用席子等晒种，不能选择水泥地、柏油路面等场所晒种
2. 摊晒种子	白天均匀摊晒，厚度 _____cm
3. 翻动频率	经常翻动
4. 夜间堆起	夜间堆起并盖好
5. 晒种时间	连晒 _____ 天

任务 3.2　药剂拌种

玉米播前拌种可以防治地下害虫和部分病害。请在实验室练习玉米药剂拌种，完成表 2.6。

表 2.6　玉米的药剂拌种技术

病虫害	药剂	使用器具	方法步骤	注意事项
地下害虫	0.3% 林丹粉			
丝黑穗病	20% 萎锈灵			

任务 3.3　浸种

浸种的主要作用是供给水分，促进发芽，可用冷水浸种 12 h，或用温水（水温

55℃~57℃）浸种 6~10 h。在生产上，也有用腐熟人尿（25 kg 兑水 25 kg）浸种 6 h，但必须随浸、随种，不能过夜。参与种植基地玉米浸种实训，并整理出浸种的方法步骤。在实验室练习玉米浸种。

任务反思

特种玉米是指黏玉米、甜玉米、彩色玉米等有别于普通玉米的品种，可以满足现代人群的不同口味需求。请小组合作制订特种玉米的播前准备方案，完成表 2.7。

表 2.7　特种玉米的播前准备技术

技术要点	具体要求
选用良种	步骤：种植地气候调查→选择合适品种→测定发芽率
科学整地	不同前茬的耕作整地技术 春玉米： 夏玉米： 施基肥： 灌溉底墒水：
处理种子	晒种： 药剂拌种： 浸种：

任务拓展

玉米三系配套育种

通过不育系、保持系、恢复系的三系配套，可以配制杂交种来利用杂种优势。三系配制杂交种包括两个环节：第一是不育系的繁殖；第二是杂交制种。这些过程通常在隔离区内进行，以确保杂交种的纯度和质量。

扫描二维码 2.1，学习玉米三系制种程序。

二维码 2.1　玉米三系制种程序

项目评价

班级		姓名		日期		
评价指标	评价要素			自评	互评	师评
信息获取	能否利用网络、工作手册、智慧平台、专业书籍等资源查找有效信息					
任务实施情况	能否熟练介绍玉米良种的特征特性					
	是否会选用玉米良种					
	是否会玉米播前整地					
	能否会处理玉米种子					
参与状态	是否按时出勤					
	是否积极参与任务实施					
	是否能与老师、同学保持多向、丰富、适宜的信息交流					
	是否积极思考问题，能否提出有价值的问题或发表个人见解					
	是否服从老师的管理					
经验收获						
反思建议						

项目二 播种

学习任务

1. 掌握确定玉米适宜播种期的方法。
2. 会计算玉米播种量。
3. 掌握玉米播种的技术。

学习准备

课前自主学习本项目的活页资料，完成学习准备检测。

一、分析玉米粗放播种后普遍存在的问题

1._____
2._____
3._____
4._____

二、玉米的播种时期

1. 春玉米要求适时播种，以避开低温的影响。

春玉米播种以后，只有 10 cm 地温稳定通过 _____ ℃时，玉米种子才会正常发芽形成壮苗；否则，即使种子发芽，也会形成弱苗。

春玉米一定要根据气温变化，适时播种。春玉米不宜播种过早，种植过早不仅产量偏低，而且 _____ 发生会相当严重。

2. 夏玉米早播技术

经过查阅资料，结合当地气候条件，请小组合作探究夏玉米早播技术，完成表2.8。

表2.8 夏玉米早播技术

技术类型	技术措施
麦垄套种	
麦茬播种	
育苗移栽	
麦后抢种	

三、播种方式

我国北方玉米通常有两种播种方式：＿＿＿＿＿＿＿＿和＿＿＿＿＿＿＿。无论采用哪种播种方式，播种方法主要分为＿＿＿＿＿＿＿、＿＿＿＿＿＿＿和＿＿＿＿＿＿＿3种。

四、播种量

播种量应根据播种密度、播种方法、种子大小、发芽率以及整地质量等因素综合确定。一般情况下，条播每亩用种量为＿＿＿＿kg；点播每亩用种量为＿＿＿＿kg，每穴 2~3 粒；机械精量点播每亩用种量为＿＿＿＿kg。

任务实施

任务 1　确定适宜播种期

结合学习资料，请小组合作探究完成确定玉米的适宜播种期的表2.9，并学以致用，指导当地农民朋友进行玉米的科学播种。

表 2.9　确定玉米的适宜播种期

春玉米适宜播种期的确定	夏玉米适宜播种期的确定
春玉米要求适时播种；华北地区 5~10 cm 地温稳定在＿＿＿＿℃时为春玉米的适宜播种期，一般在＿＿＿＿＿＿；东北地区 5~10 cm 地温稳定在＿＿＿＿℃时为春玉米的适宜播种期，一般黑龙江、吉林等省的适宜播期在＿＿＿＿＿＿，辽宁省、内蒙古自治区及新疆北部多在＿＿＿＿＿＿＿＿	夏玉米早播技术"春争日，夏争时""夏播无早，越早越好"等谚语充分说明夏玉米要抢时播种。在河南，夏玉米力争在＿＿＿＿播完，早的可以提到 5 月底，最迟也不要超过＿＿＿＿

任务 2　计算玉米播种量

某农场计划今年种植鲁玉 5 号玉米，该品种每亩 4 000 株，每穴精量点播 1 粒种子，玉米的千粒重为 400 g，发芽率为 90%，田间出苗率为 85%。请小组合作探究为农场负责人计算出每亩所需的种子量，完成表 2.10。

表 2.10　计算玉米播种量

	计算过程
每亩计划基本苗数 4 000 株	
每穴点播 1 粒种子	
千粒重为 400 g	
发芽率为 90%	
田间出苗率为 85%	
玉米播种量	＿＿＿＿kg
计算公式	$每亩播种量/kg = \dfrac{每亩株数 \times 千粒重（g）}{1\,000 \times 1\,000 \times 发芽率 \times 田间出苗率 \times 每穴种子数}$

任务 3　科学播种

目前，玉米播种主要采用先进的机械精量点播机进行点播（在不能机械作业的山地等小地块，则采用手工撒播或条播法）。其行距大小及行距配置依据地力和产量水平而有所差异。新型智慧播种机更能保证下种均匀一致。请在周末时间调研当地玉米播种新型机械的使用情况，并在班级群分享调研结果。

提高播种质量是保证玉米苗全、苗匀、苗壮，实现玉米丰产的基础。参与基地生产实践或虚拟仿真实训，结合学习平台的资料，请小组合作探究玉米播种技术，完成表 2.11。

表 2.11　玉米播种技术

技术要点	具体要求
1. 合理密植	平展型杂交种： 紧凑型杂交种：
2. 计算播种量	
3. 确定播种方式	□ 垄作　　□ 平作 □ 等行距　□ 宽窄行
4. 确定播种深度	一般情况播种深度为 _____ cm；土质黏重、土壤墒情好的，播种深度以 3~4 cm 为宜；沙土地、土壤墒情差的，播种深度为 6~8 cm
5. 施种肥	常用种肥：_____ 种肥用量：_____ 注意问题：种肥混播的，随混随播。最好是使用肥种分播机械
6. 均匀播种	选用现代化智慧播种机播种，下种均匀利于出苗均匀
7. 播后镇压	镇压时间：_____

任务反思

玉米播种后进行镇压是确保种子能够有效发芽和生长的关键步骤。根据不同的土壤条件和种植环境，选择合适的镇压时间和强度，并分析镇压对玉米的出苗率和生长质量的影响。

任务拓展

阅读新闻，探究误农时对玉米生产的危害。

央广网新闻《科左中旗 480 万亩大田玉米播种全面展开》：2024 年 4 月 25 日，内蒙古通辽市科左中旗各地正抢抓农时，5 台大型播种机穿梭于田间，每天播种面积达到 1 000 亩以上，在机械化、智能化的强力支撑下，有效提高了春播生产的质量并加快了进度。科左中旗架玛吐镇陆续开始了大田播种工作，农民抢抓天气晴好、土壤墒情良好的有利时机，全力加快播种进度，确保耕种生产不误农时。

不负好春光，田间农事忙。眼下，内蒙古通辽市科左中旗各地正抢抓农时，推进大田玉米播种，全旗480万亩玉米播种工作全面展开，田野间一派忙碌景象。

在科左中旗架玛吐镇五间房村的大田里，大型播种机正在忙碌作业。轰鸣的机械往返于农田之间，点穴、播种、覆土、刮平、铺设滴灌带、覆膜等一系列操作一气呵成。5间房村共有耕地10 000亩，今年，村民们将8 000亩地流转给了通辽市天兴粮食收储有限公司。图2.1为技术人员正在使用机械播种。

图2.1　技术人员正在使用机械播种（程实　摄）

"我们村从4月25日开始播种，预计3天后能全部播种结束，村民集中流转土地也利于机械化作业播种。"科左中旗架玛吐镇五间房村党支部书记李佳伟介绍。

架玛吐镇党委副书记、政府镇长陈宏岩说："2024年全镇播种面积34万亩，其中玉米的种植面积是31万亩，今年推广了10万亩高产密植技术种植。现在正值春耕备产的关键时间节点，全镇已经完成了播种的面积是10万亩，预计在5月15日前播种作业全部完成。"

科左中旗高度重视粮食安全工作，把扛稳粮食安全重任作为全面推进乡村振兴、加快农业高质量发展的首要任务，不断完善农业生产基础设施，在春耕生产中切实做到生产计划早安排、技术服务早行动，并通过实施土地流转、土地托管、高标准农田建设、高产密植等项目，不断提高农民收入，为粮食丰收打下坚实基础。

今年科左中旗农作物预计播种面积达511万亩，其中玉米播种面积在480万亩以上，目前，全旗玉米种植工作已全面展开。（都日娜　程实　刘小光）

合作探究：误农时对玉米生产的危害有 _____

项目评价

班级		姓名		日期		
评价指标	评价要素			自评	互评	师评
信息获取	能否有效利用网络、工作手册、智慧平台、专业书籍等资源查找有效信息					
任务实施情况	能否掌握玉米合理密植的原则					
	是否会计算玉米的播种量					
	是否会应用玉米播种技术					
参与状态	是否按时出勤					
	是否积极参与任务实施					
	是否能与老师、同学保持多向、丰富、适宜的信息交流					
	是否积极思考问题，能否提出有价值的问题或发表个人见解					
	是否服从老师的管理					
经验收获						
反思建议						

项目三 田间管理

学习任务

1. 了解玉米各时期的生育特点。
2. 理解玉米各生育阶段田间管理的主攻目标。
3. 掌握玉米的田间管理技术。
4. 会确定玉米的适宜收获期。

学习准备

课前自主学习本项目的活页资料，完成学习准备检测。

一、玉米的生产概况

我国玉米种植面积较大的省份是山东、吉林、河北、黑龙江，单产较高的是青海、吉林、上海。玉米的百粒重一般为 _____ g。

二、玉米的一生

从玉米播种到新种子成熟所经历的 _____ 过程，称为玉米的一生。

三、玉米的生育期

玉米从播种到成熟的□过程□天数（二选一），称为玉米的生育期。

四、玉米的生育时期

在玉米的一生中，随着生育进程的发展，植株形态发生特征性变化的 _____ 叫生育时期，共 _____ 个生育时期（见表2.12）。

表2.12　玉米的生育时期

生育时期	玉米生育时期划分的标准
出苗期	全田有50%以上植株幼苗出土高2~3 cm的日期
拔节期	全田50%以上植株基部茎节长度在2~3 cm的日期
大喇叭口期	全田50%植株棒三叶开始抽出，上平中空，整个外形像喇叭的日期
抽雄期	全田50%植株雄穗抽出顶叶3~5 cm的日期
开花期	全田50%植株开始开花散粉的日期
吐丝期	全田50%植株雌穗抽出花丝 _____ cm的日期
成熟期	全田90%植株果穗上的籽粒变硬，籽粒尖冠出现黑层或籽粒乳线消失的日期

五、玉米产量构成要素及计算公式

1. 玉米的产量由单位面积 ＿＿＿＿＿＿＿＿ 、＿＿＿＿＿＿＿＿ 、＿＿＿＿＿＿＿＿ 三个因素构成。在三个因素中，＿＿＿＿＿＿＿＿ 对产量的影响最大。

2. 理论产量（kg/亩）＝亩有效穗数 × 穗粒数 × 粒重（g）/1 000

六、玉米穗期营养生长与生殖生长的相关性

请小组合作探究玉米穗期营养生长与生殖生长的相关性，记录结果。

1. ＿＿＿

＿＿＿

2. ＿＿＿

＿＿＿

3. ＿＿＿

＿＿＿

七、玉米田间测产及产量分析

（一）玉米田间测产

1. 测株行距：平均行距测法是量取 ＿＿＿＿＿＿＿＿ 行的垂直长度除以 ＿＿＿＿＿＿＿＿ 。测平均株距：在行中连续数出 ＿＿＿＿＿＿＿＿ 株量其间总长度，再除以 ＿＿＿＿＿＿＿＿ 。

用求得的株、行距计算每亩株数。

计算公式：

＿＿＿

2. 测每穗粒数：在测产的田块中沿对角线选点，在每个样点上连取 ＿＿＿＿＿＿＿ 株，将果穗取下，数其每穗的行数和一行的粒数，求出平均每穗粒数，再求出每亩的平均粒数：

$$每亩粒数 ＝ 每穗平均粒数 × 每亩株数（或穗数）$$

3. 预测产量：参考所测品种常年的千粒重（g），折算当年的平均产量。

计算公式：

（二）产量分析

对不同栽培条件或不同品种已成熟的典型植株取样（最好结合测产时取样），每点取 ＿＿＿＿＿＿＿ 株，带回室内进行单株分析。

任务实施

任务 1　实施苗期田间管理

玉米苗期是营养生长的关键阶段。

玉米苗期的主攻目标是促进根系的良好发育，确保实现苗全、苗齐、苗匀、苗壮。

根据玉米苗期的生长发育特点及主攻目标，有针对性地参与生产实践或虚拟仿真实训，整理出苗期田间管理技术方案，完成表2.13。

表 2.13　玉米苗期田间管理技术

技术要点	具体要求
1. 查苗补苗	在玉米播种后，常因播种质量差、土壤干旱、病虫危害、机械损伤等原因造成缺苗。所以，玉米 ＿＿＿＿＿＿＿ 后要及时查苗，发现缺苗应立即补苗 工作步骤：
2. 间苗定苗	为了避免幼苗拥挤和相互遮光，节省土壤养分和水分，培育壮苗，玉米出苗后应及早间苗，适时定苗。通常在 ＿＿＿＿＿＿ 叶期间苗，在间苗时每穴留 2 棵苗；＿＿＿＿＿＿ 叶期定苗，定苗时应留匀苗、齐苗、壮苗
3. 中耕除草与化学除草	（1）中耕可以疏松土壤，消灭杂草。苗期中耕一般进行 ＿＿＿＿＿＿ 次； （2）化学除草。目前玉米田的除草剂分为两类：一是播种后出苗前的除草剂，二是出苗后的除草剂； 　　玉米播种后出苗前，可选用一些土壤封闭性除草剂，将杂草消灭在萌芽状态。40% 乙莠水悬浮剂每亩 ＿＿＿＿＿＿＿＿＿ mL，对水 40～50 kg，在玉米播种后出苗前均匀喷施于土表； 　　玉米苗期除草，4% 的玉农乐（烟嘧磺隆）悬浮剂每亩 80～100 mL，对水 40～50 kg，在玉米 ＿＿＿＿＿＿＿ 叶期均匀喷雾
4. 蹲苗促壮	蹲苗，就是采用控制 ＿＿＿＿＿＿＿＿＿＿、＿＿＿＿＿＿＿＿＿＿ 的措施，控制地上部生长，促进地下部分生长，以达壮苗的目的； 蹲苗应掌握的原则：＿＿＿＿＿＿＿＿＿、＿＿＿＿＿＿＿＿＿、＿＿＿＿＿＿＿＿＿。蹲苗应在拔节前结束
5. 弱苗偏管	弱苗易形成空秆或者穗小、缺粒、秃尖以及后期倒伏等，发现后应立即偏 ＿＿＿＿＿＿＿＿＿＿、偏 ＿＿＿＿＿＿＿＿＿＿

6. 防治苗期病虫害	主要虫害			主要病害	
	黏虫	玉米螟	棉铃虫	玉米粗缩病	玉米矮花叶病毒病
	黏虫、玉米螟、棉铃虫的防治措施： 方法： 器具： 步骤：			玉米粗缩病、玉米矮花叶病毒病的防治措施： 方法： 器具： 步骤：	

任务 2　实施穗期田间管理

玉米穗期是营养生长与生殖生长并进期。此期不仅茎叶生长旺盛，而且雌、雄穗先后开始分化，茎叶生长与穗分化之间争水争肥矛盾较为突出，对营养物质的吸收速度和数量迅速增加，是玉米一生中生长最旺盛的时期，也是田间管理的关键期。

玉米穗期的主攻目标是壮秆、大穗。植株应敦实粗壮，生长整齐、均匀，气生根多，叶色深绿，叶片宽厚。

根据玉米的穗期生长发育特点及主攻目标，有针对性地参与生产实践或虚拟仿真实训，合作制订穗期田间管理技术方案，完成表 2.14。

表 2.14　玉米穗期田间管理技术

技术要点	具体要求
1. 去除分蘗	玉米拔节前，茎秆基部有时会长出分蘗，应及时拔除。去蘗宜 _____ 不宜 _____
2. 中耕培土	拔节后及时中耕能促进根的层数和数量增加。穗期中耕一般两次，耕深以 _____cm 为宜。在拔节至小喇叭口期中耕 1 次，在小喇叭口期至大喇叭口期再中耕 1 次。培土，一般结合中耕进行，时间最好在 _____ 期
3. 科学施肥	施攻秆肥，春玉米生育前期，若植株长势好，可不施攻秆肥。若基肥不足，土壤贫瘠，植株长势弱，应早施攻秆肥，一般以速效性 _____ 肥为主，每亩施肥量不超过总追肥量的 10%； 施攻穗肥，_____ 期，科学施用攻穗肥。 春玉米攻穗肥应占总追肥量的 60%~70%。到吐丝初期再追施总追肥量 20%~30% 的攻粒肥 夏玉米穗期追肥应根据地力、植株长势而定。对地力好、长势旺的中高产田，可采用"前 _____ 后 _____"方式追肥；对于地力差、长势弱的田块，则采用"前重后轻"方式追肥。高产田一般每亩追施标准氮肥 40~50 kg，追肥方法一般是在玉米行一侧开沟施肥或穴施
4. 合理灌排水	穗期气温高，生长快，需水量大，要及时进行灌溉。_____ 期是玉米的需水临界期，缺水会造成雌穗小花退化和雄穗花粉败育；干旱严重，则会造成"卡脖旱"，抽不出雄穗，严重影响结实，甚至绝收。因此，此期时干旱一定要浇水
5. 防治穗期病虫害	主要病害 / 主要虫害

	主要病害			主要虫害		
5. 防治穗期病虫害	玉米大斑病	玉米小斑病	瘤黑粉病	玉米螟	黏虫	红蜘蛛
	大、小斑病的防治措施： 方法： 器具： 步骤：			红蜘蛛的防治措施： 方法： 器具： 步骤：		

任务 3　实施花粒期田间管理

玉米花粒期包括籽粒形成期、乳熟期、蜡熟期和完熟期，营养器官基本形成，植株进入以开花、散粉、受精结实为主的生殖生长时期，包括开花受精和籽粒发育，是决定粒数和粒重的关键时期。

玉米花粒期主攻目标是保根保叶，防止早衰，提高粒重。

根据玉米花粒期的生长发育特点及主攻目标，有针对性地参与生产实践或虚拟仿真实训，合作制订玉米花粒期田间管理技术方案，完成表 2.15。

表 2.15　玉米花粒期田间管理技术

技术要点	具体要求					
1. 酌施粒肥	施攻粒肥 时间：要早施、少施，时间不晚于吐丝期。 选用肥料：粒肥应以 _____ 肥为主，一般应占总追肥量的 10%～20%，每亩可施尿素 1.5～2 kg					
2. 灌溉与排涝	玉米抽雄后 _____ 天内仍处于需水高峰，因此，在开花灌浆期间应及时浇水防旱。抽雄后遇涝会使根系早衰，故应及时排涝					
3. 去雄	时间：去雄应在雄穗刚 _____ 而未散粉时进行，最好选在晴天上午十点至下午三点进行； 方法：一般采用隔行或隔株进行，地头地边的雄穗应保留，全田去雄不应超过 _____					
4. 人工辅助授粉	方法：人工辅助授粉，是在盛花期选择晴天无风或微风的天气，在露水干后用拉绳法和摇棵法进行人工辅助授粉； 频率：每隔两天进行 1 次，连续进行 2～3 次；					
5. 病虫害防治	主要虫害			主要病害		
	玉米螟	桃蛀虫	草地贪夜蛾	锈病	圆斑病	弯孢叶斑病
	草地贪夜蛾的防治措施： 方法： 器具： 步骤：			锈病的防治措施： 方法： 器具： 步骤：		
6. 适时收获	适时收获是实现玉米高产、优质的重要环节之一。_____ 期千粒重最高，是适宜收获期，其标志为： 收获机械及方式：					

任务反思

农作物病虫害专业化统防统治是近年来兴起的一种农作物植保方式，是指具备相应植物保护专业技术和设备的服务组织，开展社会化、规模化、集约化农作物病虫害防治服务的行为。请查阅资料或利用所学谈一谈：玉米生产中专业化统防统治有哪些积极意义？

任务拓展

玉米与其他植物（如大豆）立体种植

2023年中央一号文件进一步明确扎实推进"大豆－玉米带状复合种植"（见图2.2）。扫描二维码2.2观看视频，结合中央一号文件精神，请小组合作探究大豆玉米带状复合种植技术的作用。

图2.2　大豆玉米带状复合种植

二维码2.2　玉米与其他作物的立体种植

项目评价

班级			姓名		日期		
评价指标	评价要素				自评	互评	师评
信息获取	能否有效利用网络、工作手册、智慧平台、专业书籍等资源查找有效信息						
任务实施情况	能否掌握玉米苗期管理的相关技术要点						
	能否掌握玉米穗期管理的相关技术要点						
	能否掌握玉米花粒期管理的相关技术要点						
参与状态	是否按时出勤						
	是否积极参与任务实施						
	是否能与老师、同学保持多向、丰富、适宜的信息交流						
	是否积极思考问题，能否提出有价值的问题或发表个人见解						
	是否服从老师的管理						

续表

经验收获	
反思建议	

模块拓展

北方地区绿色食品鲜食玉米的生产技术

一、补苗、间苗

在玉米出苗后，应及时检查幼苗情况并进行补种。对于未能及时出苗的地块，可以将种子浸泡 8~10 h，然后捞出晾干，趁土壤湿度适宜时及时播种；或者在玉米长出 3~4 片可见叶的间苗期时，带土挖苗进行移栽。在拔节期，应及时拔除小株、弱株及分蘖，以提高玉米的生长整齐度，培育合理的玉米群体结构。

二、灌排

在一般年份，北方区域的鲜食玉米生育期降水通常能满足生长需求，因此不需要进行额外灌溉。然而，在遇特殊干旱年份，鲜食玉米关键生育期田间的土壤相对含水量降至 60% 以下时，应及时进行灌溉，建议每亩灌溉量为 40 m^3。为了节约水资源，建议采用微喷灌的节水灌溉方式。在鲜食玉米苗期，如果遇到连续降雨，应及时在田间开沟排水，防止田间积水影响作物生长。

三、施肥

我们提倡增加有机肥的使用，控制化肥用量，并合理施用中量和微量元素肥料。施用的肥料应符合《绿色食品肥料使用准则》NY/T 394—2023 的规定。施肥量应按照《测土西方施肥技术规范》NY/T 1118-2006 进行测土配方施肥，并根据土壤肥力状况确定施肥量和肥料比例。一般情况下，每亩施用腐熟有机肥 1 000 ~1 500 kg，每亩施用化肥量包括：尿素 8~10 kg，磷酸二铵 10~12 kg，硫酸钾 6~8 kg，硫酸锌 1.0~1.5 kg。在整地时，将全部有机肥、磷肥、钾肥、锌肥作为底肥一次性施入，同时施入 40% 的氮肥。剩余 60% 的氮肥在鲜食玉米的大喇叭口期进行追施。追肥时，应在距玉米根 8 ~10 cm 处开沟，深施 10 ~15 cm。

四、人工辅助授粉

可采用人工辅助授粉，以减少秃尖、缺粒现象。一般在盛花末期的晴天上午 9：00—11：00，人工用竹竿或者绳子拉动植株上部，以增加鲜食玉米授粉率。

五、病虫草害防治

病虫草害防治应坚持"预防为主，综合防治"的原则。根据生产地常见病虫草害发生的特点，推广绿色防控技术，优先采用农业防治、物理防治和生物防治措施，有限度地使用化学防治措施。

（一）主要病虫草害

鲜食玉米主要病虫草害有大斑病、小斑病、锈病等；主要害虫有玉米螟、棉铃虫、二点委夜蛾、黏虫、蛴螬、地老虎等；主要杂草有狗尾草、牛筋草、马齿苋等。

（二）主要病虫害的防治措施

1. 农业防治措施。

推广种植抗病虫、抗逆性好的鲜食玉米品种，实行合理密植与水肥管理，培育健壮植株，提高田间通透度，增强植株抗病能力。玉米收获后，进行秸秆粉碎深翻或腐熟还田处理，以降低翌年的病虫基数。

2. 物理防治措施。

根据害虫的趋光习性，在成虫发生期，田间可以设置黑光灯、频振式杀虫灯、糖醋液、色板、性诱剂等方法诱杀害虫。其中，灯光诱杀采用频振式杀虫灯，每 15 亩架设 1 盏，并设置自动控制系统，以便在 20∶00 开灯，翌日 2∶00 关灯，可以诱杀玉米螟、棉铃虫、二点委夜蛾、黏虫等害虫。

3. 生物防治措施。

依据田间调查及预测预报，利用自然天敌进行生物防治。比如，释放赤眼蜂防治玉米螟，释放瓢虫防治蚜虫，选用白僵菌对冬季堆垛秸秆内越冬玉米螟进行无害化处理；选用植物源农药等生物农药防治病虫害。

4. 化学防治措施。

一般情况下，不使用化学农药防治病虫害，尤其禁止在鲜食玉米采收期使用化学农药。加强田间病虫害发生的监测，在病虫害发生较为严重时，可适时适量地采取化学农药防治措施，且农药的使用应符合《绿色食品农药使用准则》（NY/T 393—2020）的规定。防治玉米大斑病，可在抽雄后每亩用吡唑醚菌酯 40～50 mL，兑水 100 kg，在达到防治指标时开始喷药；间隔 7～10 d 喷药 1 次，连续喷 2～3 次。防治玉米螟，在心叶期，有虫株率在 5%～10% 时，用辛硫磷 500～1 000 g，拌入 50～75 kg 过筛的细砂制成颗粒剂，撒入玉米心叶内。

（三）主要草害的防治措施

1. 农业防治措施。

播种前，对种子进行精细清选。使用腐熟的有机肥，以有效清除有机肥中掺杂的杂草种子，防止杂草种子混入农田。在鲜食玉米苗期和拔节期，应及时进行中耕除草。苗期中耕宜浅，一般为 5 cm 左右；拔节期中耕应深，一般为 10 cm 左右。

2. 化学防治措施。

以人工机械中耕除草为主，有限度地使用化学防治田间杂草。农药的使用应符合《绿色食品农药使用准则》（NY/T 393—2020）的规定。加强田间杂草发生的监测，根据杂草的类别，选择除草剂种类，准确控制用量和施药时期。播种后出苗前 3 d，墒情好时，每亩可用 33% 二甲戊灵乳油 150～200 mL，兑水 15～20 kg 进行封闭式喷雾，喷雾时倒退行走；墒情差时，于玉米幼苗 3～5 叶期，每亩用 20% 硝磺草酮可分散油悬浮剂 42.5～50 mL，兑水 40～50 kg 喷雾，喷雾时要喷在行间杂草上，谨防喷到玉米心叶中。喷药一定要均匀，避免重喷和漏喷。

走访调研当地绿色食品鲜食玉米的生产现状，提出合理化建议。

鲜食玉米需要及时采收，否则会影响口感。请查阅资料并合作探究鲜食玉米的最佳采收时间。

模块三

水稻生产技术

学习内容提要

- ■育秧：播前准备、湿润育秧、抛栽秧育秧。
- ■移栽：手栽秧、抛栽秧、机栽秧。
- ■田间管理：肥水管理、病虫害防治等。

学习目标

- ■素质目标：逐步培养工程思维、生态环保的工作意识、科学严谨的学习态度、精益求精的工匠精神；具有学农爱农兴农的情怀；具备国家粮食安全战略意识。
- ■知识目标：掌握水稻育秧、移栽、田间管理技术。
- ■技能目标：能够科学规范地进行水稻育秧、移栽、田间管理。

重难点

- ■重点：水稻育秧、移栽和田间管理技术。
- ■难点：选用良种、确定播种期和播种量、预防病虫害。

项目一 栽前准备

学习任务

1. 了解水稻育秧技术对水稻生产的作用。
2. 理解整地技术、播前准备工作对水稻生产的作用，掌握水稻壮秧的标准。
3. 能够科学确定水稻播种期和播种量。
4. 能够应用湿润育秧技术和抛栽秧育秧技术进行水稻育秧。

学习准备

课前自主学习本项目的活页资料，完成学习准备检测。

一、水稻的形态特征

实地观察水稻的形态，或通过网络搜索有关水稻植株的图片，记录水稻与稗草、小麦在形态上的区别。

1. 水稻的形态特征：_____

_____

2. 水稻与稗草、小麦在形态上的区别：_____

_____

二、水稻的生育时期

水稻从种植到收获的生育期因品种和环境条件的不同有很大差异，通常为80~180 d。根据外部形态和新器官的形成，水稻的一生可划分为4个生育时期。借助学习准备资料，了解水稻各生育时期的形态特征，完成表3.1。

表3.1 水稻各生育时期的形态特征

生育时期	形态特征
种子发芽期和幼苗期	
分蘖期	
拔节孕穗期	
结实期	

三、水稻生育期的长短主要受温度和日照条件的影响，主要由水稻的"三性"决定

水稻的"三性"在生产上的应用：

1. _____

2. _____

3. _____

四、选购优质水稻品种应做到"五看"

1. 看当地环境条件；

2. _____

3. _____

4. _____

5. _____

五、秧田选择

秧田应选在 _____ 的冬闲田。大田面积与秧田面积的比例以 10：1 为宜。

六、水稻育苗的苗床准备

1. 施足基肥，需将 _____ 肥和 _____ 肥相配合，并配施 _____、_____、_____ 肥，要浅施。

2. 秧田耕作分两次，前作收后随即翻耕，耕深 _____cm，春季浅耕细耙，耕深 _____cm，耙平、耙透、耙细，做到 _____。上水浸泡后，耙平畦面，做到上平下松。

3. 秧畦要求做到 _____、_____、_____，表面有一层浮泥，便于稻种粘贴。

七、水稻育苗播种时间

1. 早稻晴天 _____ 午播种，晚稻 _____ 午播种。

2. 播种要 _____，做到分畦定量，分次播种，先少后加，播后塌谷，覆盖物要厚薄适当，以盖没种子为度。

任务实施

任务 1 育秧前准备

任务 1.1 确定育秧的适宜播种期和播种量

先根据种植制度或前作收获期安排移栽期，再根据水稻特性、当地气候条件和育秧方式确定适宜秧龄，用水稻移栽期减去适宜秧龄算出适宜播种期。

播种量应根据秧龄长短、育秧期气温高低和品种特性而定。

不同的育秧方式，水稻播种期会有所不同。请通过网络搜索、图书查阅等方式，小组合作探究水稻不同育秧方式的播种期和移栽期，完成表 3.2。

表3.2　水稻不同育秧方式的播种期及移栽期

育秧方式	种植地区	播种期	移栽期
湿润育秧			
塑料薄膜保温育秧			

任务 1.2　选购良种

请通过网络搜索、图书查阅等方式，整理出五个当地水稻良种的特征特性和适宜种植区域，完成表3.3。

表3.3　水稻良种的特征特性和适宜种植区域调查

品种名称	农艺性状	抗病性鉴定	品质检测	产量表现种植区域

任务 1.3　处理种子

水稻种子的处理是确保其健康生长和高产的关键步骤，主要包括晒种、浸种、消毒和催芽等环节。参与处理水稻种子实训或虚拟仿真实训，总结具体的技术，完成表3.4。

表3.4　处理水稻种子的方法和技术

处理方法	技术
1. 发芽试验	
2. 晒种	
3. 选种	
4. 种子消毒	
5. 浸种	
6. 催芽	

任务 2　湿润育秧

湿润育秧包括秧田选择、苗床制作、播种、秧田管理四个环节。秧田管理重点是肥水管理。参与水稻湿润育秧实训或虚拟仿真实训，并总结具体的秧田管理措施，完成表 3.5。

表 3.5　水稻湿润育秧技术

阶段	管理目标	浇水措施	施肥措施
播种至第 2 叶抽出			
2~4 叶期			
4 叶期至移栽			

任务 3　抛栽秧育秧

参与水稻抛栽秧育秧实训或虚拟仿真实训，总结具体的抛栽秧育秧技术要点，完成表 3.6。

表 3.6　水稻抛栽秧育秧技术

技术要点	具体要求
1. 备足育秧盘	
2. 配制营养土	
3. 播种	
4. 秧田管理	

任务反思

1. 种子是农业的"芯片"。在水稻生产上，不仅要选择优良品种，还要购买优质种子。请你根据所学提出合理选购水稻种子的建议。

2. 水稻育秧智慧播种机等新农具的出现，提高了农业生产效率。请上网搜集新型水稻播种机械的相关资料，并介绍其操作方法。

任务拓展

水稻机械化育秧技术

在水稻育秧过程中，可在整地、播种，利用拱膜调节温度和湿度等环节中使用机械设备，提高工作效率和秧苗质量。培育的秧苗健壮、规格统一，有利于机械化插秧，栽后返青快、分蘖早、产量高。

一、秧田选择和苗床制作

1. 秧田选择。

选择土壤肥沃、土层深厚并且运秧方便的田块。

2. 苗床制作。

在播种前 3~5 d，首先对苗床进行准备，接着采取浅水旋耕的方法处理秧田，苗床宽度控制在 150~160 cm，厢面平整光滑。在播种前，对苗床进行灌水并晾晒处理，让苗床更加结实。并在秧田四周开沟，以确保排灌顺畅。结合整地，施入充分腐熟的有机肥，配施氮、磷、钾肥。

二、摆放秧盘

在苗床上整齐、平直地摆放秧盘，相互之间不留缝隙，盘底紧贴泥面。

三、种子选择和处理

1. 种子选择。

利用机械设备精选无病害、无虫害、成熟度好、饱满的种子。

2. 种子处理。

首先将种子晾晒 1~2 d，然后浸泡 1~2 d，其间将空粒和病粒清除干净。之后，选择合适的药剂拌种，并按照药剂说明进行适当的干燥处理后备用。

四、播种技术

1. 精量播种。

当育秧盘无明水时，可采用机械化或者半机械化的方法进行精量播种，播种量应控制在每盘 100~125 g，以确保播种均匀。

2. 播后处理。

在播种后，要进行踏谷入泥处理，并喷洒药剂，杀灭病菌。

五、搭建拱棚

露天育秧时，需在秧床上搭建拱棚，高度为 40~60 cm，并用泥土将拱棚周围的农用塑料薄膜压实，确保其稳固性和保温效果。同时，保证秧床排水沟和四周排水沟畅通。设施育秧时，则无需搭建拱棚。

六、秧苗管理

1. 水肥管理。

在播种后 10~14 d，结合苗情追施尿素，每盘施肥量控制在 2~3 g，整个生长周期内追肥 3~4 次即可。同时，应加强水分管理，保证厢面湿润，控制灌溉深度，达到以水护苗的目的。如果发现秧苗出现缺水卷叶现象，应该在傍晚或者第二天清晨人工喷水 1 次。

2. 病虫害防治。

若秧苗出苗不整齐，可以通过使用水溶肥兑水后喷雾的方式来促进秧苗生长。在秧苗移栽前 3~5 d，应使用相应的药剂，预防稻瘟病、立枯病、纵卷叶螟、二化螟、三化螟等病虫害。

3. 高度控制。

为了便于机械化插秧作业，秧苗的高度最好控制在 20~25 cm。在播种 15~20 d 后，可选择多效唑可湿性粉剂兑水喷施，以控制好秧苗的高度。

阅读水稻机械化育秧技术的资料，探讨水稻生产中新技术的应用有何意义。

水稻机械化育秧是水稻生产全程机械化的关键环节，直接影响秧苗质量和后续机械化插秧效率。参与水稻机械化育秧生产并学习水肥一体化智能化管理技术。

项目评价

班级		姓名		日期		
评价指标	评价要素			自评	互评	师评
信息获取	能否有效利用网络、工作手册、智慧平台、专业书籍等资源查找有效信息					
任务实施情况	能否科学计算水稻育秧的时期和播种量					
	是否会选用水稻种子					
	是否会进行水稻种子处理					
	能否实施水稻湿润育秧					
	能否实施水稻抛栽秧育秧					
参与状态	是否按时出勤					
	是否积极参与任务实施					
	是否能与老师、同学保持多向、丰富、适宜的信息交流					
	是否积极思考问题，能否提出有价值的问题或发表个人见解					
	是否服从老师的管理					
经验收获						
反思建议						

项目二　移栽秧苗

学习任务

1. 了解水稻秧苗适时早移栽的意义。
2. 掌握水稻移栽期和基本苗的确定方法。
3. 会用手栽、机栽和抛栽等方式移栽水稻秧苗。

学习准备

课前自主学习本项目的活页资料，完成学习准备检测。

一、确定适宜移栽期

"早栽是谷，迟栽是草。"适时早移栽水稻，可以充分利用丰富的光、温资源，并能防止后期低温寒害。利用所学知识，确定适宜的移栽期。

确定适宜移栽期的方法：

_____

_____

二、合理密植

合理密植能协调植株群体与个体之间的矛盾，使水稻充分利用光能和地力，是实现水稻高产的基础。

1. 水稻种植密度需要考虑的因素：

_____

_____

2. 合理密植作用：

_____

_____。要根据水稻的品种、秧苗的大小、地力状况和种植技术水平等因素，确定适宜的种植密度。

三、提高插秧质量

插秧质量高，可以使秧苗返青快、分蘖早、群体适宜。为提高插秧质量，插秧时要做到"浅、直、匀、齐"。

浅：_____

直：_____

匀：_____

齐：_____

四、整地施基肥

1. 水稻整地前施足基肥，基肥组成：

_____

2. 整地标准：

_____

五、规范插秧

1. 按照株行距插秧。

插秧时，要做到 _____、_____，以便于后期的管理和收割。

2. 适当浅插。

浅插好处：

_____

插秧深度以 _____cm 为宜。

3. 姿势要正确。

要注意插秧的姿势，将秧苗直立地插入泥土中，确保其根部和茎部都能顺利进入泥土。

4. 节奏要稳定。

插秧的速度太快或 _____ 会影响到插秧的质量，这对于稻田的管理和收成都有着非常重要的影响。因此，插秧的节奏要与呼吸一致，保持稳定的节奏。

5. 减轻植伤秧苗。

插秧过程中损伤秧苗的危害：_____。防范措施：_____。要确保栽植规格，不栽 _____ 秧，不 _____ 秧。

任务实施

任务1　手栽秧

手栽秧是水稻的传统栽秧方式，由农民手工将秧苗插入稻田中。通过参观、体验或虚拟仿真实训水稻手栽秧的过程，整理出相关的手栽秧技术方案，完成表3.7。

表3.7　水稻手栽秧技术

技术要点	具体要求
1. 施肥整地	
2. 合理密植	
3. 规范插秧	

任务2　机栽秧

机械化插秧是一种现代化的种植方式，使用插秧机进行水稻种植，其效率高，标准高，有利于秧苗的生长和提高产量。通过参观、体验或虚拟仿真实训水稻机栽秧的过程，整理出相关的机栽秧技术方案，完成表3.8。

表 3.8　水稻机栽秧技术

技术要点	具体要求
1.施肥整地	
2.准备插秧机及秧块	
3.规范插秧	

任务 3　抛栽秧

抛栽秧是一种采用钵体育苗盘或纸筒育出根部带有营养土块、相互易于分散的水稻秧苗，或采用常规育秧方法育出秧苗后手工掰块分秧，再将秧苗连同营养土一起均匀抛撒在空中，使其根部随重力落入田间定植的栽培法。通过参观、体验或虚拟仿真实训水稻抛栽秧的过程，整理出相关的抛栽秧技术方案，完成表 3.9。

表 3.9　水稻抛栽秧技术

技术要点	具体要求
1.施肥整地	
2.起秧	
3.抛栽秧	

任务反思

手栽秧、机栽秧和抛栽秧各有优缺点。例如，机栽秧具有工作效率高、秧苗分布均匀、省工省力等优点。在生产上，应该如何选择？给出合理化建议。

任务拓展

水稻机械化插秧同步侧深施肥技术

一、选择与调试机械设备

要依据作业环境选择机械设备，一般优选气吹式侧深施肥设备，因其具有功能稳定、运行安全的特点。作业前，必须对机械设备进行检查、设置与调试，以确保作业过程安全、规范和高效。

二、装秧、装肥

首先调节秧箱到合理位置，并展平秧块放置其上，使秧块底部紧贴秧箱，并压下压苗器。

在装满插秧机的肥箱时，还要装载适量的备用肥料，以便在作业过程中使用。

三、确定栽插路线

根据作业田块的具体形状，科学合理地确定栽插路线。

四、插秧

插秧作业中，要利用好划印器，保证行进路线为直线；作业过程中要保持匀速前进，待转行时减速。补秧要及时，在秧块到达补给位置前完成秧块补给，确保秧块间不要留有空隙。同时，要时刻关注机具排肥情况和肥料量，当出现排肥断条或者排肥不均匀状况时，要及时进行调整；若排肥箱肥料不足，要及时补肥。

五、清理机械

作业后，要及时将肥箱、肥管中残存肥料清除，保持肥箱、排肥管干燥整洁，以延长设备使用寿命。

阅读水稻机械化插秧同步侧深施肥技术的资料后，探讨该技术的优点。

该技术已被农业农村部列为"十大引领性技术"，适合全国水稻主产区规模化推广，助力实现减肥增效与稳产增收的双重目标。利用课余时间搜集吉林、江西等水稻主产区应用该技术的效益案例，给出该技术在当地的专业培训、技术配套等方面的建议。

项目评价

班级		姓名		日期		
评价指标	评价要素			自评	互评	师评
信息获取	能否有效利用网络资源、工作手册、智慧平台、专业书籍等资料查找有效信息					
任务实施情况	能否科学确定水稻秧苗的移栽期					
	是否能合理确定水稻的种植密度					
	能否进行手栽秧操作					
	能否进行机栽秧操作					
	能否进行抛栽秧操作					
参与状态	是否按时出勤					
	是否积极参与任务实施					
	是否能与老师、同学保持多向、丰富、适宜的信息交流					
	是否积极思考问题，能否提出有价值的问题或发表个人见解					
	是否服从老师的管理					
经验收获						
反思建议						

项目三 田间管理

学习任务

1. 了解水稻各生育阶段的特点和管理目标。
2. 掌握水稻各生育阶段的田间管理措施。
3. 能正确诊断水稻各生育阶段的苗情。
4. 能熟练进行水稻适时收获。

学习准备

课前自主学习本项目的活页资料，完成学习准备检测。

一、水稻返青分蘖阶段的生育特点

通过上网查询或查阅图书，搜集与水稻返青分蘖阶段相关的文字、图片或视频资料，并结合当前季节，总结此阶段水稻的生育特点。

生育特点：

_____

_____

_____

二、水稻拔节孕穗阶段的生育特点

通过上网查询或查阅图书，搜集与水稻拔节孕穗阶段相关的文字、图片或视频，观察此阶段水稻植株的形态特征，并记录。

形态特征：

_____

_____

_____

三、水稻结实阶段的生育特点

结实成熟阶段是指从 _____ 至 _____。

生育特点：以 _____ 发育为中心的生殖生长占主导地位，光合产物及抽穗前贮藏在茎秆、叶鞘内的养分均向 _____ 输送，是决定结实率和 _____ 的关键时期。

四、防止空、秕粒技术措施

造成空粒的外因是 _____、高温、狂风、_____ 等不良气候条件，_____ 和使用农药不当也会造成空粒。

防止空粒的关键措施有：

_____

_____

_____

造成水稻秕粒的原因主要有 _____ 不足，高温、低温等不良环境条件。

防止水稻秕粒的关键措施有：

防止 _____ 和 _____ 早衰，即抓好后期田间管理。

五、穗肥施用技术

孕穗期是水稻植株需肥较多的时期。因使用时间和作用不同，穗肥又分为促花肥和保花肥。若促花肥施用不当，会造成植株 _____、_____ 率高，甚至 _____。因此，穗肥的施用应根据品种、气候、土壤和苗情等因素综合考虑。一般 _____ 田块，可不施促化肥。

保花肥具有防止 _____ 退化和植株后期 _____，增加每穗粒数、粒重和提高结实率的作用，通常在叶龄余数 _____ 时施用。施肥量一般占总施肥量的 _____%，以速效氮肥为主，配合施用一定量的磷、钾肥。

六、防治病虫害技术措施

返青分蘖期应及时做好水稻 _____ 病、白叶枯病、_____ 病、稻飞虱、稻纵卷叶螟、_____ 螟等防治工作。拔节孕穗期应及时做好水稻 _____ 病、_____ 病、稻瘟病、稻飞虱等防治工作。

七、灌溉、施肥技术措施

抽穗期稻田需要保持浅水层，_____ 期间歇浅灌，_____ 期湿润灌溉。一般在收获前 _____d 停止灌溉。

粒肥的主要作用是防止 _____ 和 _____ 早衰，使籽粒充实饱满。因此，施用量不宜太多；宜采用 _____ 方法，即在阴天或晴天早、晚叶面湿润的时候进行。

八、水稻的产量构成因素

水稻产量由单位面积上的 _____、_____ 和 _____ 构成，各构成因素受不同生育时期的影响。

任务实施

任务 1　实施前期田间管理

水稻的田间管理前期阶段指从秧苗定植后的返青期至分蘖期。该阶段秧苗的营养器官生长迅速，开始分蘖，是决定水稻有效穗数的关键时期。水稻前期的主攻目标是促秧苗早返青、快发育，培育健壮植株和大分蘖，多积累干物质。

请根据此阶段水稻的生长发育特点及主攻目标，按计划参与种植基地的水稻生产实践或虚拟仿真实训，制订水稻前期田间管理技术方案，完成表 3.10。

表 3.10 水稻前期田间管理技术

技术要点	具体要求
1. 查苗补苗	
2. 浅水灌溉，适时搁田	
3. 施分蘖肥	
4. 化学除草	
5. 防治病虫害	

任务2 实施中期田间管理

水稻的田间管理中期阶段指秧苗的拔节孕穗期。该阶段秧苗的营养生长与生殖生长并进，是水稻一生中需养分最多、对外界环境条件最敏感的时期之一，是争取壮秆大穗的关键时期。水稻中期的主攻目标是培植健壮植株和大穗，防徒长。

请根据此阶段水稻的生长发育特点及主攻目标，按计划参与种植基地的水稻生产实践或虚拟仿真实训，制订水稻中期田间管理技术方案，完成表 3.11。

表 3.11 水稻中期田间管理技术

技术要点	具体要求
1. 苗情诊断	
2. 巧灌穗水	
3. 合理施肥	
4. 防治病虫害	

任务3 实施后期田间管理

水稻的田间管理后期阶段指从抽穗开花至成熟。该阶段以生殖生长为主，是决定结实率和粒重的关键时期。后期的管理目标是养根保叶，防止早衰，提高结实率和粒重。

请根据此阶段水稻的生长发育特点及主攻目标，按计划参与种植基地的水稻生产实践或虚拟仿真实训，制订水稻后期田间管理技术方案，完成表 3.12。

表 3.12 水稻后期田间管理技术

技术要点	具体要求
1. 苗情诊断	
2. 科学灌溉	
3. 酌施粒肥	
4. 防治病虫害	
5. 适时收获	

任务反思

1. 在水稻各阶段田间管理过程中，都需要进行水肥管理。如果出现缺水缺肥的情况，水稻植株会表现出相应的症状，而此时植株生长的发育已受到影响。为了预防这种情况的发生，小组合作探究并提出合理化建议。

2. 病害的发生与种植制度有关联。不同茬口种植的水稻，在各生育阶段病害的发生具有一定的规律性。调查当地某一茬口水稻种植过程中的病害发生情况，制订出下茬水稻的病害防治方案。

任务拓展

水稻机械化收获减损关键技术

一、合理确定收获期

应依据水稻的生长时间和生长状况来确定水稻收获期。水稻成熟时，植株叶片和稻穗为金黄色，稻粒饱满且坚硬。

二、科学选择适用机型

要结合收获期水稻植株高度以及品种来科学选择适宜机型。水稻植株高度在 65～110 cm 间且难脱粒的品种，宜选半喂入式联合收割机；植株高度高于 110 cm 且易脱粒的品种，应选全喂入式联合收割机。

三、机具的检查保养与调试

机具的检查保养与调试主要内容包括清理散热器，检查空气滤清器、割台、输送、搅龙箱体、脱粒齿、凹板筛等部件是否正常运作。

通过试收割作业，科学调整机械化收割的各项参数及位置，如作业速度、风机进风口开度、振动筛筛片角度、脱粒间隙、拨禾轮位置、半喂入式收割机的喂入深浅、全喂入收割机的收割高度。经过反复试收割和调整，直至将机具调试到最佳工作状态。

四、收割机行走路线的选择

水稻收割机适宜行走路线选择的原则是在水稻收割过程中，机械要保持直线行走，同时可根据实际情况灵活选择作业方向，以方便卸粮。

五、收割机作业

在水稻收获过程中，应依据机具状况与水稻植株实际情况合理确定收割机速度。对于新设备或刚刚大修过的机器，以及种植密度大、稻秆高、穗重、粒大高产的稻田，收割机作业速度宜慢；转弯时应减速。反之，可适当提高速度。

六、运用在线监测技术

在收割机上装配损失率、含杂率、破碎率的在线监测装置，方便操作人员在收割时实时监测作业质量，及时发现问题并进行调整，以降低收获损失。

参与水稻机械化收获生产实践，体验并总结该技术的减损关键技术。

掌握水稻机械化收获减损关键技术，助力实现"节粮减损，颗粒归仓"的国家战略目标。请利用课余时间，制作《一图看懂水稻机收减损》科普挂图或短视频进行科普传播。

项目评价

班级			姓名		日期		
评价指标	评价要素				自评	互评	师评
信息获取	能否有效利用网络、工作手册、智慧平台、专业书籍等资源查找有效信息						
任务实施情况	能否熟练掌握水稻各阶段生育特点						
	能否合理确定各阶段管理目标						
	能否实施返青分蘖阶段田间管理						
	能否实施拔节孕穗阶段田间管理						
	能否实施结实成熟阶段田间管理						
参与状态	是否按时出勤						
	是否积极参与任务实施						
	是否能与老师、同学保持多向、丰富、适宜的信息交流						
	是否积极思考问题，能否提出有价值的问题或发表个人见解						
	是否服从老师的管理						
经验收获							
反思建议							

模块拓展

水稻覆膜抗旱栽培新技术

一、播前准备

1. 整地施肥。

选择远离污染源、地势平坦且有一定水浇条件的旱地、丘陵、滩涂、沙漠等地带，在每个稻方四周打造 30 cm 高的畦埂，用于截留降水，并在埂内侧与垄垂直方向设置 20 cm 深的灌水沟，以方便灌水。前茬作物收割后，进行两遍旋耕灭茬，将秸秆打细打碎，旋耕深度控制在 15 cm 左右，然后耙细整平土地。在整地时，每亩基施充分腐熟的猪粪 1500 kg、缓控释肥（N：P_2O_5：K_2O=27：10：8）60 kg 以及氯化钾（含 K_2O 60%）10 kg。

2.品种选择与种子处理。

选用高产优质、抗逆性强、综合性状优良的水稻品种。春季播种时，可选用中晚熟品种，如临稻16、阳光200、阳光900、圣稻24等；麦茬直播时，应选用早熟品种，如郑旱9号、临旱1号、津原85等；优质稻可选用长粒香等品种。经盐水或泥水选种去掉秕谷，捞出稻谷用清水洗2~3遍；每5 kg稻种可用浸种灵2 mL，兑水10 kg浸泡，常温浸种3 d后捞出，在阴凉处晾干1 d后播种。

3.地膜选择。

选用幅宽为100 cm、厚度为0.008 mm、底面为黑色、上面为银灰色的银黑地膜或降解地膜。

二、播种阶段

1.起垄。

开沟起垄时，设置垄高15~20 cm、垄距30 cm、垄沟沟底宽8 cm，并使垄顶略平，然后进行覆膜并压紧地膜。

2.带水播种。

垄沟浇足水，待水下渗后，用机械或人工撒播，将浸种催芽后的种子均匀撒到垄沟中。按干种子计算，每亩播种量为4.5 kg左右。

3.覆盖地膜。

播种后应立即覆膜，相邻地膜可用土压膜或用黏合剂粘贴。覆膜后立即进行镇压，确保地膜与沟底紧密贴实。此外，在垄沟底的地膜上面覆盖1~2 cm厚的疏松土层。

三、田间管理

1.追肥管理。

苗期不需追肥；拔节期每亩随水追施或借雨追施尿素7.5 kg左右；抽穗期喷施叶面肥。

2.水分管理。

苗期不需浇水；中期（拔节至抽穗）进入雨季，降雨量基本能够满足水稻的生长需水，但在拔节期应结合施肥进行1次浇水；后期在抽穗期、灌浆中期各浇水1次，每次每亩浇水量为33 m³左右。

3.病虫害防治。

在水稻4叶期防治1次飞虱、蓟马、叶蝉等；在拔节期防治1次螟虫、飞虱、蓟马、叶蝉及稻瘟病、纹枯病等；在破口期和灌浆期，各防治1次穗颈稻瘟病、纹枯病、稻飞虱、稻纵卷叶螟等。

4.收获。

黄熟期至完熟期，当植株上部茎叶及稻穗完全变黄，籽粒坚硬充实饱满，且有80%以上的籽粒已达到玻璃质时进行收获。同时做好生产记录，建立档案并妥善保存。

水稻覆膜抗旱栽培新技术能解决北方的干旱问题。学习并总结归纳出该技术与常规技术有何不同。

水稻覆膜抗旱栽培新技术可助力干旱地区水稻生产实现"节水不减产，增产更增效"的目标。参与水稻覆膜抗旱栽培实践或虚拟仿真实训，探究高温灼苗、根系缺氧问题的解决措施。

模块四

花生生产技术

学习内容提要

■播前准备：选用良种；科学整地；种子处理。

■播种：确定播种期；播种技术。

■花生前期田间管理；花生中期田间管理；花生后期田间管理；适时收获等。

学习目标

■素质目标：通过学习，逐步养成和具备工程思维的工作意识、科学严谨的学习态度、精益求精的工匠精神、助农爱农兴农的三农情怀；具备国家粮食安全战略意识。

■知识目标：了解花生的生长发育规律，掌握花生优质高产高效栽培技术；掌握花生生产管理技术。

■技能目标：能科学规范地进行花生的茬口安排、整地施肥、适期播种、田间管理。

重难点

■重点：花生的播种、田间管理。

■难点：选用良种、确定播种适期、处理种子。

项目一　播前准备

学习任务

1. 了解花生的种类及作用，掌握花生的五大类型及代表品种。

2. 了解花生的主要生产模式，能够根据生产实际选择合适的花生品种。

3. 掌握花生播种前的整地技术要点。

4. 掌握处理花生种子的方法和技巧。

学习准备

课前自主学习本项目的活页资料，完成学习准备检测。

一、花生是重要的油料作物之一

花生为豆科落花生属一年生草本植物，又称万寿果、落地参、长生果、千岁子等。花生是重要的油料作物之一。国内五大油料作物有：

_____

二、花生的种类

花生品种繁多，有据可查的有 540 种，其中优良品种有 30 种。在市场上流通的花生一般可按生育期长短、荚果大小、特征特性和植物学型加以区分。

1. 花生的种类按照播种期的不同可分为 _____、_____ 和 _____。

2. 国内通常按生育期长短（以春播常规播期为准）将花生分为 _____（130 d 以内）、_____（145 d 左右）和 _____（160 d 以上）三类。

三、花生的主要生产模式

请小组合作查阅资料，完成表 4.1。

表 4.1　花生的生产模式及类型（例子）

花生的生产模式	类型（例子）

四、轮作与连作

根据资料学习连作、轮作、间作与套作等种植方式，通过查阅资料合作探究轮作的意义，并举例说明花生的一种轮作模式。

1. 轮作的意义：

_____

_____

2. 花生轮作模式举例：

_____

_____

五、花生种子的休眠性

1. 花生种子中，交替开花亚种休眠期为 3～4 个月，有的品种在_____天以上；连续开花亚种多无休眠期或休眠期很短。

2. 花生种子的休眠是由种皮障碍与胚内生长调节物质共同作用的结果。珍珠豆型与多粒型品种的休眠可能主要与种皮障碍有关。普通型、龙生型花生种子的休眠性除种皮障碍外，主要受胚内抑制物质的影响。在成熟种子中，休眠性强的种子中 ABA 抑制物质的含量高，GA 含量少。贮藏过程中，ABA 逐渐减少，ACC（乙烯前体物质）和乙烯的释放能力逐渐提高。当种子乙烯释放量达到每小时每克种子 3 mL 时，种子内部乙烯浓度达到 0.4 μL/L（先豆）和 0.9 μL/L（基豆）时，休眠即告解除。

六、花生起垄种植的意义

_____

_____

任务实施

任务 1　科学整地

质地和结构性良好的土壤能够同时满足花生对水分和空气的要求，有利于养分状况调节和花生根系的伸展。砂质土壤总的来说通气透水性良好，易耕作，但蓄水保肥力较差。土温变化较快，花生生育后期易出现脱肥现象，根系活力降低，影响花生正常的生理代谢活动；质地黏重的土壤总的特点是，养分含量比较丰富，保水保肥力较强，但通气透水性差，排水不良，耕作比较困难，植株发育不良，根系结瘤少。这会导致花生荚果发育缓慢、荚果秕小、果皮颜色不美观，进而影响产品价值。

小李在中职学校学习作物生产技术专业，毕业后准备承包土地种植花生。请小组合作，查阅资料帮助小李完善花生播种前的工作方案，完成表 4.2。

表 4.2　花生播种前的工作方案

技术要点	具体要求	注意事项
选地	花生生长发育适合土壤排水良好、土层深厚肥沃的沙壤土或轻壤土； 花生不耐盐碱，最适宜的土壤 pH 为 6.5~7； 土壤水分：	
整地	春播耕作： 夏播耕作：	花生是深根作物。 深耕、浅耕；耕作深度
茬口安排	（1）春花生→冬小麦—夏玉米（夏甘薯等其他夏播作物）； （2）冬小麦→花生—春玉米（甘薯、春高粱等）； （3）冬小麦→夏花生→冬小麦—夏玉米（夏甘薯等其他夏播作物）； （4）油菜（豌豆或大麦）→花生→冬小麦—夏甘薯（夏玉米等）	
施底肥	施用时期 种肥： 基肥： 施肥种类、方式及施肥量 有机肥： 化肥：	冬耕、春耕、起垄
起垄	垄距： 垄高： 垄顶： 行距：	

注：茬口安排具体要求中，"→"表示年间复种，"—"表示年内复种。

任务 2　选用良种

目前，我国南北各地均有花生的种植分布，但由于气候条件的差异，各地所栽培的品种各不相同。在选择花生品种时，需要考虑多个因素，包括种植地区的气候条件、土壤特性、种植目的（如鲜食、油用或出口等）以及市场对特定品种的需求。扫描二维码 4.1，请小组合作探究花生品种类型及特点，完成表 4.3。

二维码 4.1　花生品种类型及特点

表 4.3 花生品种类型及特点

品种类型	主要特征	品种举例
普通型		
龙生型		
珍珠豆型		
多粒型		
中间型		

综合考虑适应性、产量和品质、抗病性和抗虫性、生长周期以及市场需求等因素，选择一个适合当地生产的花生品种，并说明选择的理由。

任务 3 处理种子

在播种前，花生种子需要进行晒果、发芽试验、剥壳、选粒和拌种等处理程序。请参与种植基地的花生种子处理生产实践，结合二维码 4.2 提供的资料，小组合作探究花生的种子处理技术，完成表 4.4。

二维码 4.2 花生播前种子处理技术

表 4.4 花生种子处理技术

处理技术	技术要求
1. 晒种	时间： 天气： 厚度： 晾晒时间：_____d，每天 _____h
2. 发芽实验	器具设备： 步骤：
3. 剥壳	时间：
4. 选粒	标准： 器具设备：

处理技术	技术要求
5. 催芽	器具设备： 步骤：
6. 药剂拌种	常用药剂及方法： 器具设备： 步骤：

任务反思

2015~2021 年，我国花生种植面积总体保持稳中有升的态势。进入 2022 年，受旱涝灾害、病虫害以及夏季高温干旱天气的影响，加之旱灾诱发的病虫害，导致我国多地花生播种面积萎缩，较 2021 年有大幅度下降。到花生播种的季节，很多种植户会自行留种或者购买种子。请根据本节课所学，从适应性、产量和品质、抗病性和抗虫性、生长周期以及市场需求等方面，为农民朋友提出合理化建议。

任务拓展

花生产业调查报告

目前，我国花生消费需求主要分为榨油、食用和饲料消费三大类。请小组分工合作，利用课余时间调查分析当地的花生行业概况、市场供需情况、市场价格走势、行业发展趋势等，并形成当地花生产业调查报告。

花生产业调查报告					
班级		姓名		时间	
1. 行业概况					
2. 市场供需情况	生产情况				
	市场需求				

花生产业调查报告	
3.市场价格走势	
4.行业发展趋势	
5.结论与建议	

项目评价

班级			姓名		日期		
评价指标	评价要素				自评	互评	师评
信息获取	能否有效利用网络、工作手册、智慧平台、专业书籍等资源查找有效信息						
任务实施情况	能否熟练掌握花生常见品种及特征						
	是否掌握花生播种前种子处理技术						
	是否会进行花生播种前整地						
参与状态	是否按时出勤						
	是否积极参与任务实施						
	是否能与老师、同学保持多向、丰富、适宜的信息交流						
	是否积极思考问题，能否提出有价值的问题或发表个人见解						
	是否服从老师的管理						
经验收获							
反思建议							

项目二　播种

学习任务

1. 了解花生播种、出苗的温度和花生播种的深度。
2. 掌握花生种植的密度及植株配置方式。
3. 掌握常见的花生种植方式。
4. 会根据条件合理安排不同品种花生的播种时期和方式。

学习准备

课前自主学习本项目的活页资料，完成学习准备检测。

一、花生的播种适期

花生播种适宜的地温标准为 _____，花生出苗快而整齐需要地温稳定在 _____。一般北方花生区春播适期为 _____。带壳播种由于果壳丹宁浓度高，具有杀菌作用，可减少烂种，能提早播种 _____d 左右，以利抢墒。地膜覆盖栽培可比露地栽培早播 _____d。丘陵旱地地膜栽培花生，延迟到 _____ 播种可使花针期与雨季吻合。

花生播种深度一般为 _____。土壤墒情好的地块，播种深度宜在 _____。播种过浅，种苗易落干；播种过深，出苗困难，如遇阴雨，可能会导致烂种。

二、合理密植

1. 种植密度。

花生的种植密度取决于地力、品种、气候和播种期等因素。请查阅学习资料完善北方不同品种花生种植密度，完成表 4.5。

表 4.5　北方不同品种花生的种植密度

品种	开花结实习性	密度
春播密枝丛生品种		
蔓生品种		
疏枝中熟丛生大花生		
珍珠豆型		

2. 植株配置方式。

花生有 _____ 和 _____ 两种基本播种方式。我国大部分地区采用穴播方式，每穴播种 2 粒；与穴播相比，单粒种植在生育前期植株受光好，苗壮，早期花较多，但在生育后期，田间光照差，不利于荚果的发育。目前生产提倡 _____（增加单位面积穴数，减少每穴粒数）。行距和穴距可根据密度进行调整。

丛生品种的穴距一般为 15～40 cm，行距为 30～50 cm，在土壤肥沃的土地上，行距应适当放宽；在土壤贫瘠的土地上，行穴距应尽量接近。

三、种植方式

1. 北方春播花生方式有 _____、_____、_____、_____、_____、_____ 等。

2. 栽培方式有 _____、_____、_____、_____、_____ 等。

任务实施

任务 1　确定播种适期

花生原产于热带，属于喜温植物，从种子萌发到荚果成熟都需要较高的温度。花生播种期必须根据花生的生育期、所需积温、生殖生长期所需要的温度范围以及农作物前后茬的农时来确定。经过查阅资料并结合当地气候条件，小李决定种植大粒花生，采用春播高效覆膜技术。查阅资料了解到，2024 年山东地区 4 月 15 日前平均气温为 10℃，下半月平均气温升至 12℃，而 5 月上半月平均气温达到 15℃；终霜期在 4 月上旬。请小组合作探究确定花生播种适宜时间的方法，完成表 4.6。

表 4.6　确定花生的适宜播种时间

气温法	积温法
春播花生：以 10 cm 地温稳定在 _____ ℃ 为适宜播期	生育期最短的是多粒型，为 122~136 d，所需积温为 3000℃左右； 珍珠豆型的生育期为 126~137 d，所需积温为 3100℃左右； 中间型的生育期为 130~146 d，所需积温为 3200℃左右； 生育期较长是龙生型，生育期超过 150 d，所需积温为 3500℃； 生育期最长的是普通型，为 155~160 d，所需积温为 3600℃左右
麦套花生：气温不是关键因素，确保早播和壮苗，麦收前 _____ 天为适宜播期	
夏播花生：气温适宜，生育期短，积温不足应 _____ 播	
地膜覆盖花生：播种出苗后 _____ 为标准	
本地的花生适宜播种时间：_____	

任务 2　探究花生的种植方式

花生的种植一般有平种和垄种两种方式。

1. 平种主要用于麦套或夏直播田块以及旱薄地的种植方式，一般采用等行距种植。

2. 垄种适用于地势平坦、土层深厚、排灌条件良好的田块，如东北、河北、山东等地大多采用起垄种植。起垄种植对土壤结构和花生生长都产生了较大影响，增产效果明显。参与花生播种实践或虚拟仿真实训，完成表 4.7。

表 4.7　花生播种的种植方式

种植方式		具体要求	
平种			
垄种	小垄单行		
	大垄双行		
	大垄三行		
畦种			
麦套种			

任务3　花生播种

经过查阅资料并结合当地气候条件，某农场的技术员小李决定种植大粒花生，采用春播高效覆膜技术机械化播种。请小组合作，查阅资料帮助小李制订花生播种技术方案，完成表4.8。

表 4.8　花生的播种技术

技术要点	具体要求
1. 镇压、筑垄	传统机械： 新型机械：
2. 施肥	肥料种类： 肥料用量：
3. 播种	合理密植： 计算播种量： 均匀播种： 镇压：
4. 覆土	使用的机械：
5. 喷药除草	药剂名称： 用量：
6. 展膜、压膜、膜上筑土	机械一体化

任务反思

花生单粒种植与穴播相比，前者在生育前期植株受光好，苗壮，早期花较多，但在生育后期，田间光照差，不利于荚果的发育。请探究并制定出花生合理密植的原则。

任务拓展

麦茬全秸秆覆盖花生机械化免耕播种技术

花生机械化播种技术是指利用人畜力花生播种机或机引式花生播种机对花生种子进行播种，使起垄、开沟、播种、追肥、喷药、覆膜、覆土、镇压等工序一次性完成的机械化操作技术。小麦花生倒茬轮作是我国黄淮海地区长期以来的一种传统农业种植模式。小麦收获后，秸秆覆盖在地表，造成花生播种难、出苗难等一系列问题。麦茬全秸秆覆盖花生机械化免耕播种技术解决了这一难题，实现了机械化播种过程。扫描二维码4.3学习并总结麦茬全秸秆覆盖花生机械化免耕播种技术要点。

二维码 4.3　麦茬全秸秆覆盖花生机械化免耕播种技术

项目评价

班级		姓名		日期		
评价指标	评价要素			自评	互评	师评
信息获取	能否有效利用网络、工作手册、智慧平台、专业书籍等资源查找有效信息					
任务实施情况	能否熟练掌握花生播种适期					
	是否掌握花生植株配置方式和确定种植方式的方法					
	能否会进行花生播种					
参与状态	是否按时出勤					
	是否积极参与任务实施					
	是否能与老师、同学保持多向、丰富、适宜的信息交流					
	是否积极思考问题，能否提出有价值的问题或发表个人见解					
	是否服从老师的管理					
经验收获						
反思建议						

项目三　田间管理

学习任务

1. 了解花生各个生育时期的特点。
2. 了解花生各时期田间管理的主攻目标。
3. 掌握花生田间管理的技术要点。
4. 学会确定花生的适宜收获期。

学习准备

花生是一种具有无限开花结实习性的作物，其开花期和结实期很长。课前自主学习本项目的活页资料，完成学习准备检测。

一、花生的生育期

一般将花生的一生分为 ＿＿＿ 个生育时期（见表4.9）。花生的需水临界期为 ＿＿＿＿＿＿。

表 4.9　花生生育时期划分表

生育时期	花生生育时期划分的标准
出苗期	从播种到50%的幼苗出土、第一片真叶展开为出苗期
幼苗期	从50%种子出苗到50%的植株第一朵花开放为幼苗期
开花下针期	自50%的植株开花到50%植株出现鸡头状幼果（子房膨大，呈鸡头状）为开花下针期，简称花针期。这是花生植株大量开花、下针、营养体开始迅速生长的时期
结荚期	从50%的植株出现鸡头状幼果到50%植株出现饱果为结荚期；结荚期是花生荚果形成的重要时期；结荚期也是花生一生中吸收养分和耗水最多的时期，花生对缺水干旱最为敏感
饱果成熟期	从50%的植株出现饱果到大多数荚果饱满成熟为饱果成熟期；生殖生长主要表现在荚果迅速增重，饱果数明显增加，是果重增加的主要时期

二、花生的需水规律

花生是耐旱性较强的作物，其全生育期需水总规律是 ＿＿＿＿＿＿＿＿＿＿，即幼苗期需水 ＿＿＿＿＿＿，开花下针期和结荚期需水 ＿＿＿＿＿＿，饱果成熟期需水 ＿＿＿＿＿＿。

三、花生的需肥规律

花生是一种地上开花地下结实的作物。花生吸收养分的主要器官是根系，但叶片、果针、幼果也具有一定的营养吸收能力。花生对当季施肥的吸收率较低，合理施肥是促进花生增产的重要措施。根据花生的需肥特性，及时有效地补充和调节土壤养分供应状况，充分满足花生生长发育对养分的各种需求，可以最大限度地发挥肥料效应，提高花生产量，增加经济效益。

花生在整个生长发育过程中需要吸收 _____6 种大量矿质元素和_____ 等微量元素。在这些矿质元素中，有 _____4 种元素是花生需要量较大的，被称为花生营养的四大要素。

四、花生产量构成因素

_____、_____、_____ 是构成花生产量的 3 个基本因素。

花生单位面积荚果产量（kg）＝单位面积株数 × 单株果数 / 千克果数。这三个因素之间既相互联系又相互制约。通常情况下，单位面积株数起主导作用。随着单位面积株数的增加，单株果数和果重会相应下降。当因增加株数而增加的群体生产力超过单株生产力下降的总和时，增株表现为增产，密度比较合理。

花生单株结果数受密度、品种和栽培环境条件的影响；果重的大小取决于果针入土的时间和产量形成期的长短。

五、花生的一生

扫描二维码 4.4，观看视频，总结花生的一生。花生的一生可划分为 _____、_____、_____、_____、_____ 等 5 个生育时期。

二维码 4.4 花生的一生

任务实施

花生的一生可分为前期、中期、后期 3 个生育阶段。前期包括出苗期和幼苗期，中期包括花针期和结荚期，后期为饱果成熟期。

任务 1 实施前期田间管理

花生的前期一般包括出苗期（12~15 d）和幼苗期（20~30 d）。前期以营养生长为主，是根系伸长、侧枝分生和花芽分化的重要时期。花生出苗后，主茎第二、第三片叶连续长出；当第三片真叶展开时，第一对侧枝开始出现；当第五、第六片复叶展开时，第二对侧枝相继发生。第二对侧枝发生后称为团棵期。团棵期以前分化的花芽多，结果率高。

花生前期田间管理的主攻目标是在苗全、齐、匀的基础上，培育壮苗，使幼苗健壮，株矮茎粗，枝多节密，叶色深绿，根系发达，花芽分化多，为后期花多、花齐奠定良好的基础。

参与种植基地的花生苗期管理实践或虚拟仿真实训，请小组合作探究制订花生前期田间管理技术方案，完成表 4.10。

表 4.10　花生前期田间管理技术

技术要点	具体要求			
1. 查苗补苗	在花生齐苗后，应立即查苗。发现缺苗时，应及时补种或补苗。补种要使用原品种的种子，并在催芽后进行。如果采用育苗补栽的方式，应于播种时在田头、地角同时播些种子，待花生 _____ 片真叶时带土移栽。无论补种还是补苗，都应施肥浇水，以促其迅速生长			
2. 清棵	目的： 技术要点：			
3. 肥水管理	花生前期植株矮，叶片少，气温低，蒸腾作用小，是其一生中比较耐旱的时期，一般不进行追肥和浇水，以免旺长。 土壤水分应保持在田间最大持水量的 50%~60% 为宜。如果土壤干旱，最好采用喷灌或小水沟灌的方式补充水分，切忌大水漫灌			
4. 防治病虫	主要虫害		主要病害	
	蚜虫	叶蝉	根腐病	茎腐病
	花生始花前，往往出现蚜虫的第一次为害高峰。防治时可用 _____ 或 _____ 兑水喷雾		病害的综合防治措施：	

任务 2　实施中期田间管理

花生的开花下针期，早熟品种 15~18 d，中熟大花生品种约 25 d；花生的结荚期，早熟品种约 40 d，中熟大花生品种 45~50 d。开花下针期和结荚期合称为中期，是决定有效花数和果针多少的关键时期，也是花生对肥水需要迅速增加的时期。花生结荚期经历时间长，营养生长和生殖生长旺盛，需肥需水量最多，干物质积累最快，是争取果多的关键时期。

花生中期田间管理主攻目标是开花下针期促进茎、叶生长而不旺长；结荚期控棵增果，协调植株体内有机营养的分配比例，使大量的有机营养分配到荚果中去，达到花齐、花多、果针多而入土早、茎齐叶厚、荚果多而膨大快的目的，为后期果饱打下良好基础。

参与花生生产实践或虚拟仿真实训，请小组合作探究制订花生中期田间管理技术方案，完成表 4.11。

表 4.11 花生中期田间管理技术

技术要点	具体要求						
1. 肥水管理	花针期浇水以喷灌为好； 结荚期浇水以沟灌为宜，沟灌应保证水量充足，防旱时间长； 如遇长期阴雨，土壤水分过大时，要及时进行排涝。 肥料：_____；施肥方式：_____；施肥种类：_____						
2. 培土	技术要点：						
3. 控棵增果	目的：抑制茎、叶生长，控制旺长，防止倒伏 生长调节剂：						
4. 防治病虫	主要虫害				主要病害		
	金针虫	蝼蛄	根结线虫	地老虎	根腐病茎腐病	叶斑病黑斑病	疮痂病
	防治措施：				病害的综合防治措施：		

任务 3 实施后期田间管理

花生生育过程的后期主要是饱果成熟期。花生后期株高和新叶的增长逐渐停止，叶色逐渐转黄，根的吸收能力显著减弱，茎叶中所含的营养物质大量向荚果运转，饱果数和果重则大量增加。花生后期是荚果产量形成的重要时期。

花生后期田间管理的主攻目标应保证适当的肥水供应和土壤通气性，保护绿叶不受损伤，延长绿色叶片的功能期，防止茎枝早衰，争取制造更多的光合产物，促使植株体内养分大量运转到荚果中去，以提高饱果率。

参与花生生产实践或虚拟仿真实训，请小组合作探究制订花生后期田间管理技术方案，完成表 4.12。

表 4.12 花生后期田间管理技术

技术要点	具体要求
1. 根外喷肥	对早衰缺肥的花生田，喷施_____水溶液和 2%~4% 磷酸二氢钾溶液，有良好的增产效果。 器械：
2. 旱浇涝排	花生后期土壤水分应保持在田间最大持水量的_____为宜，如遇秋涝，应及时排水

技术要点	具体要求				
	主要虫害		后期的主要病害		
	蛴螬	根结线虫	锈病	病毒病	青枯病
3. 防治病虫害	综合防治措施：		综合防治措施：		
4. 适期收获	适期收获的具体标准： 　植株特征： 　荚果特征： 收获技术： 　人工收获 　机械收获 收获后处理：				

任务反思

近些年来，种植花生的经济效益越来越高，而实现花生的更高产量，科学的田间管理至关重要。请结合所学知识，谈谈在花生的田间管理技术中，有哪些技术和机械需要更新。

任务拓展

花生滴灌水肥一体化节水高质高效新技术

全国农业技术推广服务中心经济作物技术处处长汤松提出，推动花生产业高质量发展的策略。

一要稳定面积，优化布局，聚焦主产区、稳住优势区，协调榨油型、出口专用型花生优势区均衡发展；

二要主攻单产，改善品质，推进大面积均衡增产，提高单位面积产油量、高油酸等品质；

三要精简种植，提高效益，提高花生播种、田管、机收水平，减少用工，提高产品质量；

四要政府引导，市场运作，探索市场化、可持续发展的路径，为其他作物树立样板。

扫描二维码4.5，学习花生滴灌水肥一体化节水高质高效栽培技术，并查阅资料分享一种花生种植的新技术。

二维码4.5　花生滴灌水肥一体化节水高质高效栽培技术

项目评价

班级			姓名		日期		
评价指标	评价要素				自评	互评	师评
信息获取	能否有效利用网络、工作手册、智慧平台、专业书籍等资源查找有效信息						
任务实施情况	能否熟练掌握花生发育时期及特点						
	是否掌握花生田间管理技术						
	是否能够适时收获花生						
参与状态	是否按时出勤						
	是否积极参与任务实施						
	是否能与老师、同学保持多向、丰富、适宜的信息交流						
	是否积极思考问题，能否提出有价值的问题或发表个人见解						
	是否服从老师的管理						
经验收获							
反思建议							

模块拓展

富硒黑花生的生产技术

富硒黑花生是目前世界上稀有、奇特、优质的营养保健型花生新品种，生育期约 130 d，茎秆粗壮，叶片肥大，主茎高 45~50 cm，属于大果型，结果集中，易收获，双果率为 70%，百果重约 250 g，籽粒呈长圆形、紫黑色，集营养、保健、养颜、美容于一体，是独具特色的花生新品种。近年来，许多花生种植户仍然沿用传统的种植模式，导致富硒黑花生难以达到高产、丰产、稳定的目标。随着富硒黑花生种植技术的不断完善和改进，富硒黑花生的产量和质量也有了一定的提高。

一、种植地块选择

富硒黑花生对土壤要求不严，适宜在 pH 为 5.5~7.2 的土壤中种植，尤其以在土层深、耕层活、土性好、排水好的沙壤土中种植为最佳。种植地块要求地势平坦，排灌方便。

二、种子处理

剥壳前先晒种 3 d，剥壳后剔除有病虫害、已发芽或损伤不能用的果仁，并将种子分级播种。每亩用种 9～10 kg，播种前用"生物灵"营养液（每支兑水 15 kg）浸种 3 h，以增加种子养分，同时用乐果 50 g 进行种子消毒。用 40%～50% 的多菌灵 150～250 g 拌种 50 kg，可防治茎腐病。

三、适期播种

当土壤 5 cm 土温稳定在 15℃以上时即可播种。

四、科学施肥

富硒黑花生施肥应遵循"重基肥、轻追肥"的原则，每公顷施基肥 30 000 kg 左右，施用的化肥应以磷肥为主，每公顷施磷酸二铵 400 kg，施尿素 300 kg 左右。

富硒黑花生在结荚期用无人机追施硒无忧等富硒叶面肥，可以达到富硒的目的。使用前需摇匀，按 500 倍液稀释后均匀喷施于花生叶片。如果施用后 4 h 内遇雨，需补喷，不得漏喷。

富硒黑花生的整地、播种方式、灌排水、病虫害防治、收获等生产技术环节与普通花生大致相同。

搜集资料，了解国内富硒黑花生的生产现状，分析其生产发展的前景。

富硒黑花生生产的标准化、高效化和品牌化，可推动特色农业产业升级，助力农民增收和乡村振兴。利用课余时间整理黑花生的关键种植技术要点，了解富硒农产品的食用价值。

模块五

大豆生产技术

学习内容提要

■播前准备：选用良种，合理轮作，精细整地，处理种子。

■播种：适期播种，播种方法，播种量与深度，合理密植。

■田间管理：查苗补苗，中耕除草，肥水管理，防治病虫害，适时收获。

学习目标

■素质目标：逐步养成和具备科学严谨的学习态度、精益求精的工匠精神、学农爱农助农兴农的专业责任感；具备国家粮食安全战略意识。

■知识目标：掌握大豆生育期、生长习性及生产流程环节，理解大豆良种选择的原则、整地基本要求、种子处理和播种的具体措施、田间管理技术要求，能识别常见病虫害并能制定出相应的防治措施。

■技能目标：能够科学规范地进行大豆的良种选择、种子处理、播前整地、适期播种、田间管理、病虫害防治、适时收获贮藏。

重难点

■重点：大豆的播种、田间管理。

■难点：选用良种、确定播种适期、处理种子。

项目一　播前准备

学习任务

1. 了解大豆的主要生长习性以及影响大豆生长发育和产量的因素。

2. 理解大豆良种选择的原则和对大豆生产的作用。

3. 会选用大豆良种，掌握大豆的合理轮作、精细整地、种子处理技术。

学习准备

课前自主学习本项目的活页资料，完成学习准备检测。

一、中国的主要油料作物

_____、_____、_____、_____是我国的四大油料作物。这四种作物是全国农业经济中最重要的物种之一，不仅可以提供丰富的高质量油脂，还可用于食品、饲料、医药、化工等领域。

大豆因其用途广泛、营养价值高、蛋白质含量丰富，并且含有多种矿物质和人体必需氨基酸，除了是重要的油料作物外，还是重要的饲料作物、重要的工业原料，在_____中发挥重要作用。

二、大豆的生长发育

大豆的一生从种子萌发开始，经过_____、_____、_____、结荚、鼓粒直至新种子成熟的生长发育过程。

大豆籽粒中含约40%的蛋白质、约20%的脂肪和30%以上的糖类。大豆油富含人体所必需的亚油酸，有防止_____的功能。搞好大豆生产，对提高人民生活水平、农业可持续发展及国民经济发展至关重要。

1. 大豆生育期是指大豆从出苗到成熟所经历的天数。春作大豆早、中、晚熟品种大概生育期分别是_____天、_____天、_____天；夏作大豆早、中、晚熟品种生育期分别是_____天、_____天、_____天。生育期的长短除与品种有关外，还与光温等环境因素有关，同一品种不同条件下生育期相差很大。

大豆生育期又分为出苗期、幼苗分枝期、开花结荚期、_____4个生育时期。

2. 大豆的生长习性是指大豆的开花习性和结荚习性。

在自然条件下，大豆绝大部分的花粉落在花的柱头上授粉受精，天然异交率极低，一般为0.5%~1.0%，为典型的自交作物。

花期的长短因品种、气候的不同差异很大。花期一般为_____天。大豆的花期与外界条件有关，最适宜开花的温度为_____℃，相对湿度为80%左右。

一般无限结荚习性品种比有限结荚习性品种开花时间长，短的约 15 天，长的可达 60 余天。

3. 小组合作探究，结合课前学习资料，探究大豆按照结荚习性的分类及特点，完成表 5.1。

表 5.1　大豆的类型及主要特点

类型	主要特点
无限结荚	
亚有限结荚	
有限结荚	

4. 影响大豆生长发育的主要因素有 _____、_____、_____、_____ 等。

三、大豆产量及形成

1. 大豆产量是由单位面积上 _____、_____、_____ 和 _____ 四个因素构成，四个因素相互联系又相互制约。

大豆的百粒重和每荚粒数是比较稳定的，百粒重一般为 _____g，每荚粒数以 3～5 粒居多，与品种有很大关系。每株荚数的多少因单位面积株数、土壤肥力及气候条件的不同而变化很大。在一定种植密度下，_____ 是大豆增产的重要途径。生产上加强田间管理，_____ 是获得高产的有效途径。

2. 大豆的花荚脱落是一个严重而普遍的问题，是影响大豆产量的一个主要因素。大豆花荚脱落的根本原因是 _____，其次是 _____、_____ 等自然灾害的影响。

四、大豆良种选择

1. 我国大豆种植类型主要有春大豆和夏大豆两种，根据自然条件和农作物轮作生产栽培制度，有三大产区：一是 _____，熟制为一年一熟；二是 _____，为一年两熟制，或两年三熟制；三是 _____，多为一年三熟制，有的为两年五熟制，包括长江流域春夏大豆区，江南各省南部秋作大豆区，两广、云南南部的大豆多熟区。

2. 良种是指在一定环境条件下，能充分表现出高产、稳产、优质、抗逆性强、适应性好的特性，在生产上具有较高的推广利用价值，能获得较好的经济效益而深受欢迎的品种。

（1）大豆良种选用的原则：

_____；

_____；

_____；

_____。

（2）常见大豆良种。

2022年11月30日，中国农业农村部发布第625号公告，经第四届国家农作物品种审定委员会第十次会议审定通过了金源802等70个大豆品种。扫描二维码5.1阅读文件，了解中华人民共和国农业农村部公告大豆新品种审定情况。

二维码5.1　中华人民共和国农业农村部公告新品种审定

五、大豆常见轮作方式

合理轮作是调节土壤养分、培肥地力、减少病虫害等的重要措施。大豆因其生育特点，是轮作中的好茬口，为轮作周期中各农作物均衡增产创造良好条件。大豆最宜与谷物类农作物（玉米、小麦、谷子等）实行3年以上的轮作。

1.探究并记录大豆不宜重茬和迎茬的原因：

_____

_____

2.大豆是疏松、培肥土壤，减少病虫害的好茬口，尤其是禾谷类作物的良好前茬。原因是：

_____

_____

3.大豆主要轮作方式：

春大豆区：_____、_____

夏大豆区：_____、_____

六、精细整地

在大豆标准化生产中，多采用平翻、垄作、耙茬、深松等整地技术，可以为大豆创造良好耕作层，促进大豆苗全、苗壮，是增产基本措施。精细整地在整地的时间、技术、深度等方面都有要求。扫描二维码5.2观看视频，了解大豆秋整地作业工作。

二维码5.2　大豆秋整地作业视频

任务实施

任务1　选用良种

探究大豆良种及其特性，通过教学平台、网络、专业书籍等渠道，整理出五个北方主要大豆良种的特征特性及种植区，完成表 5.2。

表 5.2　部分大豆良种的特征特性及种植区

品种名称	农艺性状	抗病性鉴定	品质检测	建议适宜种植范围
金源 802	北方春大豆超早熟普通型品种，生育期平均为 104 d；株型收敛，亚有限结荚习性。株高 66.1 cm，主茎 11.2 节，无分枝，底荚高度 11.1 cm，单株有效荚数 20.1 个，单株粒数 47.8 粒，单株粒重 8.5 g，百粒重 18.6 g；披针形叶，紫花，灰毛；籽粒圆形，种皮黄色、微光，种脐黄色	接种鉴定，中感花叶病毒病 1 号株系，中感花叶病毒病 3 号株系，抗灰斑病	籽粒粗蛋白含量 38.54%，粗脂肪含量 19.55%	适宜在黑龙江省第六积温带下限（漠河市周边除外）；内蒙古呼伦贝尔市鄂伦春自治旗中部和阿荣旗西北部地区春播种植
黑科 67 号				
龙垦 3318				
昊疆 14 号				
合农 163				

　　大豆良种主要具备高产、优质、抗病、抗早衰等性状。指导农民朋友在选择大豆品种时，需要考虑多个因素，包括种植地区的气候条件、土壤特性、种植目的等。此外，指导农民朋友咨询当地农业技术推广部门或参加相关的职业农民培训，以获取更多的种植指导和技术支持。

任务 2　科学整地

任务 2.1　合理轮作

　　合理轮作是调节土壤养分、培肥地力、减少病虫害和杂草危害等的重要措施。通过教学平台、专业书籍、实地考察等渠道，小组以合作探究的方式整理出大豆主要轮作方式，完成表 5.3。

表 5.3　大豆主要种植区轮作方式

大豆种植区	主要轮作方式
春大豆区	
夏大豆区	
当地种植区	

任务 2.2　精细整地

小组以合作探究的方式，通过教学平台、网络、专业书籍、大豆生产实践或虚拟仿真实训等渠道，整理出大豆主要耕作区的整地操作措施，完成表 5.4（春大豆区已整理）。

表 5.4　大豆种植区精细整地工作表

大豆种植区	精细整地技术
春大豆区	1. 秋收后及时秋翻、秋耙，翻地深度约 _____ cm，来不及可早春进行，深度约 15 cm； 2. 秋翻地块，翌春解冻后及时耙、耢、镇压等，使地面平整疏松，保持湿润，利于播种、全苗
夏大豆区	1. 2. 3.

任务 3　处理种子

任务 3.1　精选种子

在播种前精选种子是保证全苗的重要措施。参与大豆精选种子工作，制订出精选种子的方案，完成表 5.5。

表 5.5　大豆精选种子技术

精选种子方式	技术措施
粒选机	
人工挑选	

任务 3.2　根瘤菌接种

首次对种植大豆的地块进行根瘤菌接种，能明显增产。在实验室里完成主要操作，归纳根瘤菌接种的技术方案，完成表 5.6。

表 5.6 根瘤菌接种技术

技术要点	具体要求
1.计算	计算出根瘤菌的用量：根瘤菌的用量是种子质量的 1%
2.配制药液	
3.喷药液	
4.拌种	
5.拌种后阴干	

任务 3.3 药剂拌种

有的地块在害虫严重、缺乏某种营养元素或未有效增产的情况下，需要进行药剂拌种。到种植基地实验室或参与虚拟仿真实训室完成药剂拌种实训并完成表 5.7。

表 5.7 大豆药剂拌种实训报告单

药剂拌种目的		
大豆品种		
器具设备		
药剂拌种	步骤	具体要求
	1.计算药剂用量	
	2.配制药液	
	3.拌种	
	4.整理归位	

任务 3.4 种子包衣

种子包衣能够有效防治大豆苗期病虫害，促进大豆苗生长，增产效果显著。很多种子经销部门一般使用种子包衣机械统一进行包衣，供给包衣种子。无条件的情况下，农户也可购买种衣剂进行人工包衣。参与种植基地种子包衣或虚拟仿真实训，归纳出种子包衣的操作步骤并在班级群分享。

任务反思

现在市面上常见"转基因"大豆和大豆食用油在出售。多数人一看到"转基因"的字样就会想到食品安全等问题。通过上网查询及咨询相关专家，谈一谈转基因大豆概念、转基因大豆是否安全以及自己对目前大豆大量进口现状的感想。

任务拓展

大豆良种退化与品种提纯复壮

机械混杂或人为混杂、生物学混杂、不良环境影响等原因，会导致大豆良种出现退化。大豆良种的退化，势必会引起大豆产量和质量的严重下降，造成不可估量的经济损失。故生产中时常会进行大豆品种的提纯复壮，通过扫描二维码5.3进行拓展学习。

二维码5.3　大豆良种退化与品种的提纯复壮

项目评价

班级		姓名		日期		
评价指标	评价要素			自评	互评	师评
信息获取	能否有效利用网络、工作手册、智慧平台、专业书籍等资源查找有效信息					
任务实施情况	能否熟练介绍大豆良种的特征特性					
	是否掌握大豆合理的轮作技术					
	是否掌握科学整地的基本操作					
	是否会处理大豆种子					
参与状态	是否按时出勤					
	是否积极参与任务实施					
	是否能与老师、同学保持多向、丰富、适宜的信息交流					
	能否积极思考问题并提出有价值的问题或发表个人见解					
	是否服从老师的管理					
经验收获						
反思建议						

项目二　播种

学习任务

1. 理解大豆适宜播种期的意义。

2. 掌握大豆适宜播种期的确定方法、播种技术、播种量的计算、施肥技术和合理密植技术。

3. 会熟练进行大豆播种主要操作流程的制定。

学习准备

课前自主学习本项目的活页资料，完成学习准备检测。

晚春播种的大豆为春大豆，小麦收获后播种的大豆为夏大豆。播种期对大豆的产量和品质影响很大。地温与土壤水分是决定大豆适宜播种期的两个主要因素。适时播种，保苗率高，出苗整齐、健壮，生育良好，茎秆粗壮。

一、播种期

1. 春播大豆决定播种期的主导因素是 _____。当 5~10 cm 土壤层日平均地温在 6~8℃时可适时早播；当 5~10 cm 土壤层日平均地温达到 10~12℃且土壤含水量为 20% 左右时为适宜播种期。

2. 夏大豆区的播种期主要受 _____ 的限制。在前茬农作物收获后，要尽早播种。在有灌溉条件的地方，麦收前应浇好"麦黄水"或麦收后趁墒抢播，播完后再灭茬保墒，以利于大豆出苗。

二、播种方法

目前在生产上应用的大豆播种方法有窄行密植播种法、等距穴播法、60 cm 双条播、精量点播法、原垄播种、耧播、麦地套种、板茬种豆等。

三、播种量与播种深度

1. 大豆适宜播种量要根据 _____、_____、_____、_____ 而定。

2. 一般条件下，大豆每亩播种量为 _____，高的可达 _____，少的为 _____。

3. 在北方春大豆区，精量点播每亩用种约 2.7 kg，条播每亩用种约 4.3 kg。

4. 大豆 _____ 对出苗影响很大，应根据 _____、_____、_____ 而定。一般以 _____ 为宜。夏大豆从播种至出苗，其间，对温度需求较高，应适当深播厚盖，以保墒、保出苗。播后要适时镇压，以利接墒，出苗整齐。

四、施用种肥

种肥以优质有机肥混入速效的氮、磷、钾为宜。种肥单独施用时，每亩以施磷酸二铵 8～10 kg、硫酸钾 2.7～3.3 kg 为宜。种肥的施用方法因播种方法而定。扣种和翻后打垄种，在破茬后和打垄前施入；机械条播随播种机播种施入。人工条播施种肥，要注意肥、种的隔离，以防烧种。

五、合理密植

1. 合理密植的原则。

合理密植应根据 ＿＿＿＿＿＿＿＿＿、＿＿＿＿＿＿＿＿＿、＿＿＿＿＿＿＿＿＿、以及 ＿＿＿＿＿＿＿＿ 等确定适宜的种植密度。凡土壤肥沃、肥水条件高、晚熟类型品种，春播条件下种植密度 ＿＿＿＿＿＿＿＿，反之应 ＿＿＿＿＿＿＿＿。适宜的种植密度既能保证足够的营养面积、增加单株结荚数、粒数及粒重，又能达到单位面积有足够的株数以充分利用地力与光能，增加单位面积上的总荚数、总粒数和总粒重，以达到增产的目的。

2. 合理密植的幅度。

大豆种植密度受许多因素的影响，不同地区、不同耕作制度、不同品种的种植密度不同。

北方春大豆区的播种密度一般采取 ＿＿＿＿＿＿ 的行距，每亩保苗 ＿＿＿＿＿＿ 万株。合理密植的基础是 ＿＿＿＿＿＿＿＿＿＿＿＿＿；合理密植必须与 ＿＿＿＿＿＿＿＿＿＿＿ 相结合；＿＿＿＿＿＿＿＿＿＿＿ 是充分发挥合理密植增产的关键。

任务实施

任务1　计算播种量

应根据计划密度、种子质量、土壤状况等因素确定大豆播种量。种子质量包括种子大小、发芽率高低、发芽势强弱；土壤状况包括土壤墒情、土壤紧实度等。这些都直接影响到大豆田间出苗率的高低。请根据知识准备资料，结合教学平台、网络、专业书籍、实地考察等渠道，小组合作完成大豆播种量的计算，完成表 5.8。

表 5.8　大豆播种量的计算

任务	有一块试验田，占地3亩，每亩计划保苗数10 000株，购买的大豆种子百粒重为20 g，发芽率为96%，田间出苗率为92%，净度为80%，请计算每亩大豆的播种量。
播种量计算公式	每亩播种量（kg）$= \dfrac{\text{每亩保苗数/株} \times \text{百粒重/g}}{1\,000 \times 100 \times \text{田间出苗率（\%）} \times \text{发芽率（\%）}}$
计算过程	
大豆播种量	＿＿＿＿＿＿＿＿kg

任务 2　确定播种适期

不同大豆区播种期不同。请根据知识准备,结合教学平台、网络、专业书籍、实地考察等渠道,小组合作完成确定大豆播种期的任务,完成表 5.9。

表 5.9　大豆播种适期的确定

区域	当地适期及确定方法
春大豆区	
夏大豆区	

任务 3　科学播种

请根据知识准备资料,参与基地生产实践或虚拟仿真实训,结合学习平台的资料,合作完成表 5.10。

表 5.10　大豆播种技术

技术要点	技术要求
1. 合理密植	原则:合理密植应根据土壤类型、肥力高低、气候条件、品种特性以及播种期早晚等确定适宜的种植密度;凡土壤肥沃、肥水条件高、晚熟类型品种,春播条件下种植密度应小些,反之应大些 密度: 北方春大豆区多采取 50~60 cm 的行距,每亩保苗株数 1.1 万~1.7 万株; 夏大豆区多采取 40~50 cm 的行距,留苗每亩 1.5 万~2.0 万株
2. 计算播种量	计算公式:
3. 确定播种方法	点播: 条播: 扣种:

技术要点		技术要求
4. 播种深度	春大豆区	大豆的覆土深度对出苗影响很大，应根据种粒大小、土质、墒情而定。一般以 _____ cm 为宜
	夏大豆区	夏大豆播种至出苗温度较高，应适当深播厚盖，以保墒、保出苗
5. 施用种肥		种肥以优质有机肥混入速效的氮、磷、钾为宜，种肥单独施用时，每亩施磷酸二铵 8~10 kg、硫酸钾 2.7~3.3 kg 为宜； 种肥施用方法因播种方法而定。扣种和翻后打垄种，在破茬后和打垄前施入；机械条播随播种机播种施入。人工条播施种肥，要注意播肥、种隔离，以防烧种
6. 均匀播种		使用先进的播种机，下种均匀，有利于实现全苗匀苗
7. 适时镇压		播后要适时镇压，以利接墒，出苗整齐

任务反思

小组完成大豆播种任务后，一到两周内到实训基地观察大豆出苗情况，并分析原因（可结合大豆品种特性、气候条件、土壤状况、耕作和播种质量等因素进行分析）。

任务拓展

夏大豆撒播浅旋简化栽培技术

小麦机械收获在后板茬的基础上，将种子、化肥一起撒播，然后用旋耕机浅旋一遍并镇压，随后喷洒除草剂，这样能节约成本、简化栽培、增加产量。撒播浅旋大豆生长整齐，可起到明显的增产作用。扫码二维码 5.4，学习夏大豆的撒播浅旋简化栽培技术操作要点。

二维码 5.4　夏大豆撒播浅旋简化栽培技术

项目评价

班级		姓名		日期		
评价指标	评价要素			自评	互评	师评
信息获取	能否有效利用网络、工作手册、智慧平台、专业书籍等资源查找有效信息					
任务实施情况	能否通过学习确定适宜的大豆播种期					
	是否掌握大豆播种技术					
	是否会确定大豆的播种量和播种深度					
	是否会科学施用种肥					
	是否掌握合理密植技术					
参与状态	是否按时出勤					
	是否积极参与任务实施					
	是否能与老师、同学保持多向、丰富、适宜的信息交流					
	能否积极思考问题，并提出有价值的问题或发表个人见解					
	是否服从老师的管理					
经验收获						
反思建议						

项目三　田间管理

学习任务

1. 理解大豆各生育期特点和主攻目标。

2. 掌握大豆各生育期田间管理技术：土壤处理技术、浇水灌溉技术、合理施肥技术、病虫害防治技术、适时收获等。

学习准备

课前自主学习本项目的活页资料，完成学习准备检测。

一、大豆的生长发育

大豆的一生从种子萌发开始，经过出苗、分枝、开花、结荚、鼓粒直至新种子成熟。其生长发育过程可分为出苗期、幼苗分枝期、开花结荚期、鼓粒成熟期 4 个生育时期。在不同的生育期，田间管理的侧重点也不同。科学管理对于提高产量和质量至关重要。借助学习准备资料了解大豆主要生育期及其特点，完成表 5.11。

表 5.11　大豆主要生育期及其特点

生育时期	生育特点
出苗期	种子吸水膨胀，子叶出土变绿，开始具有光合能力
幼苗分枝期	幼苗期：主根下扎，侧根数量迅速增加，复叶出现，根瘤开始形成，根部吸水、吸肥能力增强，对土壤湿度和温度敏感。分枝期：腋芽开始形成分枝，主茎变粗并伸长，主茎和分枝上的花芽开始分化，根瘤菌已具有固氮能力。此期是决定整个生育期植株是否强壮、分枝和开花数量的关键时期，与产量高低密切相关。故此期要求温度适当、肥水充足的土壤条件
开花结荚期	
鼓粒成熟期	

二、产量构成因素

大豆产量是由单位面积上的 ＿＿＿＿＿＿＿＿＿ 、 ＿＿＿＿＿＿＿＿＿ 、 ＿＿＿＿＿＿＿＿＿ 和 ＿＿＿＿＿＿＿＿
4 个因素构成。这 4 个因素既相互联系又相互制约。大豆的百粒重和每荚粒数是比较稳定的，百粒重一般为 16~28 g，每荚粒数 1.5~ 2.5 个。

在一定种植密度下，增加 ＿＿＿＿＿＿＿＿＿＿＿ ，是大豆增产的重要途径。生产上加强田间管理，增加主茎节数是获得高产的有效途径。

三、收获

适时收获是大豆增产的最后一个环节，过早、过晚收获对产量和品质都有一定的影响。

大豆的适宜收获期，因收获方法不同而有所差异。人工收获和机械分段收获应在 ＿＿＿＿＿＿＿＿＿ 进行，此时，叶已大部分脱落，茎和荚全变为黄褐色，籽粒归圆与荚壳脱离，呈现品种固有色泽，摇动植株时有响声；机械联合收割应在 ＿＿＿＿＿＿＿＿＿＿＿ 进行，此时，叶已全部脱落，茎荚和籽粒都呈现出品种固有色泽，籽粒变硬，植株被摇动时发出清脆响声。

四、大豆的田间测产步骤

1. 取样采点。

2. 测株行距。

3. ＿＿＿ 。

4. ＿＿＿ 。

任务实施

大豆是我国重要的经济作物之一，其不同的生育期，田间管理的侧重点也不同，科学的生产管理对于提高产量和质量至关重要。为了便于管理实施，将大豆一生分为前期、中期、后期 3 个生育阶段。前期包括出苗期和幼苗分枝期，中期为开花结荚期，后期为鼓粒成熟期。

任务 1　实施前期田间管理

大豆的前期阶段包括出苗期、幼苗分枝期 2 个生育时期，该阶段以营养生长为主。在出苗期，主攻目标是采取各种措施提高地温，松土保墒，促进大豆出苗快、出苗齐，并防止草荒。在幼苗分枝期，主攻目标是发根壮苗，促进分枝和花芽分化。请根据此阶段大豆的生长发育特点及主攻目标，有针对性地参与生产实践或虚拟仿真实训，制订前期田间管理技术方案，完成表 5.12。

表 5.12 大豆前期田间管理技术

技术要点	具体要求		
1. 松土、及时补种、适时间苗	出苗期： 幼苗分枝期：		
2. 除草	出苗期除草技术： 幼苗分枝期除草技术：		
3. 肥水管理	科学施肥技术： 合理灌溉技术：		
4. 防治病虫	主要虫害（列举种类及防治方法）		主要病害（列举种类及防治方法）
	防治方法：		防治方法：
	器具：		器具：

任务 2 实施中期田间管理

大豆的中期阶段即开花结荚期，是大豆生育最旺盛时期，营养生长与生殖生长并进，但以形成较多的花荚为主，对光照、水分、养分有强烈的要求。该时期的主攻目标是在培育壮苗、促进花芽分化的基础上，促进生长稳健，多开花、多结荚，增花保荚，减少花荚脱落。请根据此阶段大豆的生长发育特点及主攻目标，有针对性地参与生产实践或虚拟仿真实训，制订中期田间管理技术方案，完成表 5.13。

表 5.13 大豆中期田间管理技术

技术要点	具体要求			
1.巧追花荚肥	目的： 施肥技术：			
2.灌花荚水	灌溉方式： 灌溉时间：			
3.除草、摘心打叶	除草技术： 摘心打叶要求：			
4.防治病虫	主要虫害（列举种类及防治方法）		主要病害（列举种类及防治方法）	
	防治方法：		防治方法：	
	器具：		器具：	

任务 3 实施后期田间管理

大豆的后期阶段即鼓粒成熟期，营养生长逐渐停止，而生殖生长仍旺盛进行，是大豆干物质积累最多的时期。该时期的主攻目标是保叶保根，延长叶和根的功能期，促进养分向籽粒转移，使籽粒饱满，粒重增加，促进成熟。请根据此阶段大豆的生长发育特点及主攻目标，有针对性地参与生产实践或虚拟仿真实训，制订后期田间管理技术方案，完成表 5.14。

表 5.14　大豆后期田间管理技术

技术要点	具体要求				
1. 根外追肥	目的： 技术措施：				
2. 合理灌溉	鼓粒前期： 鼓粒后期：				
3. 防治病虫	主要虫害（列举种类及防治方法）			主要病害（列举种类及防治方法）		
	防治方法： 器具：			防治方法： 器具：		
4. 适时收获	适宜时间： 收获的方法： 使用的机械设备：				

任务反思

对于农业生产，特别是病虫害防治环节来说，农药的使用是必不可少，但农药具有两面性。根据所学知识，通过实地调研、查阅资料等形式，谈谈你对农药使用的认识以及如何科学、合理地使用农药。扫描二维码，了解更多的大豆各生育期病虫草害的防治技术。对于农业生产，特别是病虫害防治环节来说，农药的使用是必不可少，但农药具有两面性。根据所学知识，通过实地调研、查阅资料等形式，谈谈关于你对农药使用的认识以及如何科学、合理地使用农药。

二维码 5.5 大豆各生育期病虫草害防治

项目评价

班级		姓名		日期		
评价指标	评价要素			自评	互评	师评
信息获取	能否有效利用网络、工作手册、智慧平台、专业资源等资料查找有效信息					
任务实施情况	能否通过学习了解大豆各期生育特点					
	是否掌握大豆各期田间管理主攻目标					
	是否掌握大豆各期主要管理技术					
	是否会科学收获大豆					
参与状态	是否按时出勤					
	是否积极参与任务实施					
	是否能与老师、同学保持多向、丰富、适宜的信息交流					
	能否积极思考问题，并提出有价值的问题或发表个人见解					
	是否服从老师的管理					
经验收获						
反思建议						

模块拓展

"玉米大豆带状复合种植"栽培技术

玉米大豆带状复合种植是在传统间套作的基础上创新发展而来，旨在通过在同一块田地上同时种植玉米和大豆，利用两者不同的生长特性和高度差，实现协同共生、一季双收的效果。玉米带与大豆带复合种植，使高位作物（玉米）植株具有边行优势，扩大了低位作物大豆受光空间，实现玉米带和大豆带年际间轮

图 5.1　玉米大豆带状复合种植

作。这是一种适于机械化作业、作物间和谐共生的一季双收种植模式。

栽培技术要点包括以下几方面。

1. 选用良种。

玉米选用株型紧凑、适宜密植和机械化收获的高产品种。

2. 扩间增光。

实行 2 行玉米带与 3～4 行大豆带复合种植。

3. 缩株保密。

根据土壤肥力适当缩小玉米、大豆的株距，达到净作的种植密度。

4. 机播匀苗。

播种前严格按照株行距调试播种挡位与施肥量（根据当地肥料含氮量折算来调整施肥器刻度），对机手作业进行培训，确保株距和行距达到技术要求。

5. 适期播种。

播种前如果土壤含水量低于 60%，则需要进行灌溉，有条件的地方可采用浸灌、浇灌等方式造墒播种，也可播种后喷灌。

6. 调肥控旺。

按当地净作玉米施肥标准施肥，或施用等氮量的玉米专用复合肥或控释肥（折合纯氮 $210～270$ kg/hm^2）。大豆不施氮肥或施低氮大豆专用复合肥；播种前利用大豆种衣剂进行包衣；根据长势，在分枝期（苗期较旺或预测后期雨水较多时）与初花期，用 5% 的烯效唑可湿性粉剂 $375～750$ g/hm^2，兑水 $600～750$ kg 喷施茎叶，实施控旺。

7. 防病控虫。

采取理化诱抗与化学防治技术相结合的方式，在示范基地安装智能 LED 集成波段太阳能杀虫灯和性诱剂诱芯装置。这些装置可诱杀斜纹夜蛾、桃蛀螟、金龟科害虫等。

8. 机收提效。

根据玉米、大豆的成熟顺序和收割机械选择收获模式。

阅读学习上面的材料，合作探究"玉米大豆带状复合种植"的关键栽培技术。

大豆玉米间作生产的智能化，助力大豆生产的高效、精准和可持续发展。请利用课余时间探究如何加强人工智能优化生产管理、5G 技术支持实时监控、机器人实现自动化生产等技术在该间作模式中的应用，实现提升大豆玉米的生产效率、降低成本并提高品质的目的。

模块六

甘薯生产技术

学习内容提要

- ■栽前准备：种薯育苗、整地与施肥、选择与处理秧苗。
- ■栽插：确定栽插时间、密度、方式、方法。
- ■加强田间管理：肥水管理、病虫害防治等。

学习目标

- ■素质目标：通过学习，激发对甘薯生产技术的兴趣与热情，培养自主学习和终身学习的能力，拓展甘薯生产技术的应用领域。培养尊重客观规律、尊重科学的意识、严谨认真的工作态度、团队合作精神。
- ■知识目标：掌握甘薯生产的流程环节，理解种薯的选择与处理、苗床准备与育苗方式、种薯上床技术、苗床管理、整地与施肥、秧苗选择及栽插技术、田间管理技术要求，能识别常见的甘薯病虫害并能制订出病虫害的防治措施。
- ■技能目标：能够科学规范地进行甘薯的良种选择、种薯处理、种薯上床、苗床管理等育苗技术，学会甘薯整地及栽插技术，掌握甘薯大田管理技术。

重难点

- ■重点：甘薯的育苗、田间管理。
- ■难点：选用良种、种薯上床技术、秧苗栽插技术。

项目一　栽前准备

学习任务

1. 了解选择与处理种薯、苗床准备，理解甘薯育苗方式、烂床及其防治技术。
2. 掌握种薯上床、苗床管理技术。
3. 会处理种薯、上床和管理苗床。
4. 掌握整地、施肥、起垄技术。
5. 会选择、处理秧苗，并进行消毒。

学习准备

课前自主学习本项目的活页资料，完成学习准备检测。

一、了解甘薯的生产概况

甘薯在世界上主要分布在北纬 _____°以南。亚洲的栽培面积最大，占 _____ 以上，其次是非洲（12% 左右）和美洲（4% 左右）。我国甘薯种植面积占世界总面积的 _____ %，主要分布在 _____。

在我国种植甘薯的面积仅次于水稻、小麦、玉米，居第四位。在我国北方地区，种植甘薯的面积仅次于小麦、玉米，居第三位。

探究记录甘薯的生产意义：_____。

二、了解甘薯育苗的繁殖原理

1. 甘薯是一种 _____ 作物，其开花结实的现象主要发生在北纬 _____ 以南的地区。由于甘薯具有自交不孕的特性，其遗传物质 _____，表现为高度杂合性。

2. 甘薯若采用种子繁殖，其后代的性状会表现出 _____，因此不能保持种性。

3. 在甘薯生产中，除了 _____ 育种外，有性繁殖方式很少被采用。甘薯的块根和茎蔓等营养器官具有 _____ 的再生能力，这使得它们能够保持 _____ 的良种性状。

4. 在甘薯的生产实践中，为了保持品种的优良特性，通常采用 _____ 和 _____ 等无性繁殖方式进行繁殖。

三、了解甘薯的分类

甘薯是我国主要杂粮作物之一，高产稳产，适应性广，抗逆性强。根据栽插时期的不同，我国的甘薯分为 _____、_____、_____ 和 _____ 四种类型。

四、甘薯根

根用种子繁殖时，实生苗先形成一条主根，是由胚根发育形成的种子根。块根、薯苗、茎、叶柄及叶身均可繁殖，产生不定根。这些不定根以后发育成三种不同的根。

请学习准备资料，探究这三种根的形态特征、主要功能，完成表 6.1。

表 6.1 甘薯根的分类、形态、特征及主要功能

根的类型	形态特征	主要功能
须根	呈纤维状，细而长，有很多分枝和根毛	吸收水分和养分，增强抗旱能力
梗根	粗 1～2 cm，长约 30 cm，整条根上下粗细基本匀称	徒耗养分，无经济价值，应控制其生长
块根	是贮存营养物质的主要器官，也是生产上的主要收获产品	

五、甘薯的表土耕作

土壤表土耕作也叫次级耕作，是在基本耕作基础上采用的入土较浅、作用强度较小的耕作措施，旨在改善 0～10 cm 表土状况的一类土壤耕作技术，包括 ＿＿＿＿＿＿、＿＿＿＿＿＿、起垄和中耕技术。农民都知道，在生产上采用起垄栽培甘薯可以增产。从温度条件的角度进行原因分析：

＿＿＿

＿＿＿

任务实施

任务 1 培育薯苗

任务 1.1 选择种薯

选择种薯：GB 4406-84《种薯》标准对种薯的品种纯度、健康状态、大小、形状等方面提出了明确要求。扫描二维码 6.1，了解更多的种薯标准。

二维码 6.1 GB 4406-84《种薯》标准及品种

甘薯品种类型较多，要根据种植需要准备不同类型的甘薯品种。

如果甘薯用于鲜食，就需准备鲜食用甘薯品种的种薯。如果是用于淀粉加工的，就需要准备淀粉加工用品种的种薯。种薯可以自己留种或购买，都应在播种育苗前早做好准备。根据种植面积及薯苗的需求量确定种薯的数量，同时还需考虑品种的萌芽性，一般萌芽性好的品种可少准备一些。

通过智慧教学平台、网络、专业书籍等渠道，整理出下面甘薯良种的特征特性和种植区域（济薯 25 已经整理好），完成表 6.2。

表 6.2　部分甘薯良种的特征特性和种植区域

品种名称	农艺性状	抗病性鉴定	品质检测	产量表现、种植区域
济薯 25	属淀粉型品种，萌芽性较好。叶片呈心形，顶叶、叶片、叶脉均为绿色，脉基为紫色。植株分枝数 6~7 个。薯形呈纺锤形，薯皮为红色，薯肉为淡黄色	高抗根腐病，抗茎线虫病，但易感黑斑病	食味较好，甜度、黏度、香味中等，纤维量少	平均亩产鲜薯 4000 kg 以上；适宜多年重茬无线虫的山地、丘陵地、旱平原地种植
烟薯 25				
烟紫薯 3 号				

任务 1.2　处理种薯

通过智慧教学平台、网络、专业书籍、实践观察等渠道，整理出处理种薯的步骤措施，完成表 6.3。

表 6.3　种薯处理技术

技术要点	具体要求		
1. 精选种薯	标准：剔除受伤、受冻、有病害的薯块，保证上床种薯具有原品种的特征，薯形端正，薯皮鲜亮光滑，薯块大小适中，单薯重 100~200 g，白浆多，生命力强		
2. 种薯消毒	去除种薯表面病菌，提高种植成活率	作用	分类
		温汤浸种	药液浸种
		步骤：	步骤：

任务 1.3　准备苗床

苗床地的选择要考虑地势、土质、病害和水源等因素。请查阅资料，整理补充完整苗床准备的原则及依据，完成表 6.4。

表 6.4　苗床准备的原则及依据

选择原则	依据
1.要背风向阳、地势高	选择背风向阳的地方做苗床，可使苗床增温快、温度高；地势高、排水良好，可以确保苗床不受水淹、不积水
2.	盐碱性土壤出苗慢且出苗量少；土壤肥沃利于培育壮苗
3.苗床地两年以上没有种过甘薯	
4.苗床靠近水源	

任务 1.4　确定育苗方式

育苗是甘薯生产的一个重要环节。我国北方多用种薯育苗移栽，只有少数地方采用种薯直播法。在甘薯生产过程中，培育健壮的薯苗是获得甘薯高产的重要手段。甘薯壮苗的标准是：苗龄 30～35 d；春薯百苗重不少于 500 g，夏薯应更重些；根原基粗大，数目多，无气生根；顶叶平齐，叶肥色绿；苗高 20～25 cm，不少于 8 节，节间短粗；剪口白浆多而浓；无病虫害。

请结合查阅资料和实地考察，指导甘薯生产者根据已具备的条件选择甘薯的育苗方式，完成表 6.5。

表 6.5　甘薯育苗方式的热源和特点

育苗方式	热源	优点	缺点
改良回龙火炕育苗	这种苗床利用煤、秸秆、木柴等热源加热苗床		费工、费料
酿热物温床覆盖塑料薄膜育苗	这种苗床利用微生物分解骡、马粪或秸秆、杂草的纤维素发酵生热，并用塑料薄膜覆盖保温、增温进行育苗		温度往往前高后低，采苗数量相对偏少
冷床覆盖塑料薄膜育苗	这种苗床只利用塑料薄膜覆盖，接收太阳能保温、增温		不易调温，出苗相对慢而少

任务 1.5　实施种薯上床

甘薯种薯上床排薯的方法有斜排、平排和直排 3 种。根据具体条件和需求选择，人工和生物热源苗床多采用斜排种薯。请查阅资料，参与甘薯育苗实践或虚拟仿真实训，整理出甘薯种薯上床的技术，完成表 6.6。

表 6.6　甘薯种薯上床技术

技术要求	具体要求
1. 适时育苗	（1）适时育苗的意义：＿＿＿＿＿＿＿＿＿＿＿＿＿＿＿＿＿＿＿＿＿； （2）确定育苗时间：一般在早春气温稳定在 7~8℃，在栽前 40 d 左右开始育苗比较适宜。例如，山东、河南、河北等地一般在 3 月下旬前后进行育苗
2. 填好床土	床土要＿＿＿＿＿、＿＿＿＿＿、无病菌，最好使用砂质土壤。床上土层不宜太厚，以便热量能顺利传导；同时，床土也不能太薄，以免温度升得过高；改良回龙火炕、酿热温床覆盖塑料薄膜苗床的床土厚度一般以＿＿＿＿＿cm 为宜
3. 排薯上床	斜排种薯时，需要注意以下几点： 第一，排种密度，一般中等大小的薯块排薯密度为 25 kg/m²； 第二，分清种薯的头、尾和背、腹，确保头背朝上，尾腹朝下，这样有利于薯苗的正常生长； 第三，大、小薯要分开排放，大薯排放于＿＿＿＿＿＿，小薯排放于＿＿＿＿＿； 第四，遵循"上齐下不齐"的原则，长薯＿＿＿＿＿排，短薯＿＿＿＿＿排，确保种薯上部平齐，有利于薯苗整齐生长
4. 浇水与覆盖	（1）排薯后，使用 40℃左右的温水浇透床土，确保床土充分湿润。等待水下渗后，用木板轻轻在种薯上按压一下，使种薯与床土紧密接触； （2）覆盖沙土，厚度为 4~5 cm，以保持床土湿润和温度稳定； （3）加盖塑料薄膜，四周用土压紧，以防止热量散失和水分蒸发。夜间可加盖草苫，以提高保温效果

任务 1.6　管理苗床

甘薯育苗要做到早、足、壮，苗床管理的原则是：前期高温催芽、防病；中期平温长苗，催炼结合；后期低温炼苗；采苗后注意浇水追肥。

请根据苗床管理原则，综合运用温度、水分、氧气、肥料等条件，按照薯苗不同生长阶段的要求，以达到苗早、苗多、苗壮的目的，有针对性地参与生产实践或虚拟仿真实训，完成表 6.7。

表 6.7　甘薯苗床管理技术

管理阶段	技术要点	具体要求
前期管理	高温催芽	以催芽为主，做到提温、保温相结合。 技术措施： 种薯上床后，床温应保持在 35℃左右，保持 4 d，然后，把床温降到 31℃左右； 种薯上床时要浇足底墒水，出苗前一般不再浇水。若发现床土干燥，可浇小水以利于出苗； 出苗前既要晒床提温和盖床保温，又要注意通风降温，以免床温升得过高

续表

管理阶段	技术要点	具体要求
中期管理	培育壮苗	催炼结合，催中有炼，使薯苗生长得快而粗壮。 技术措施：
后期管理	炼苗	以炼苗为主，炼中有催。 技术措施：
采苗和采苗后管理	高剪苗，愈伤，肥水管理	技术措施： 当苗高＿＿＿＿cm时，应及时采苗，采苗提倡高剪苗，在离床土 3 cm以上的部位剪苗。采苗会给种薯造成创伤，容易感染病害，所以，采苗后当天不要浇水，只加热升温（约32℃）以利于伤口愈合。第二天可浇水并追施肥料，追肥量为硫酸铵80～100 g/m²。

任务 1.7 防止烂床

1.探究烂床的原因。

育苗期间，种薯腐烂、死苗通称烂床。烂床按其发生原因可分为以下几种。请合作探究，完成表6.8。

表 6.8 甘薯烂床的类型、原因描述和典型症状

烂床类型	原因描述	典型症状	图示
病烂	（1）种薯、肥料或苗床带有病菌（如黑斑病、软腐病等）； （2）种薯受冷害、涝害		
热烂	（1）床温长时间高于40℃； （2）浸种时温度过高或时间过长		
缺氧烂	（1）浇水过多，床土湿度大； （2）覆土过厚或床土板结		

2. 防止及补救烂床。

针对甘薯烂床的原因，参与种植基地甘薯苗床的管理工作，制定并采取相应的防止烂床措施及补救措施，整理具体工作措施方案，完成表 6.9。

表 6.9　防止甘薯烂床及烂床补救措施

阶段	烂床防治措施或烂床补救技术		
前期准备	（1）种薯选择：严格清选无病、不受冷害涝害和不破皮受伤的种薯； （2）种薯消毒：使用有效的消毒剂对种薯进行处理，以减少病害的传播； （3）苗床准备：要用 ＿＿＿＿＿＿ 的净土、净粪； （4）高温催芽：排种后应用 ＿＿＿＿＿℃的高温催芽 3～4 d； （5）通风透气：对于覆盖塑料薄膜的苗床，要经常打开气孔或揭开薄膜的两端，以更换新鲜空气。这样可以防止苗床积水，避免因温度过高导致缺氧而出现烂薯现象		
出苗前烂床	原因	解决措施	
	零星或点片烂床	连土挖出病薯，更换 ＿＿＿＿＿＿ 种薯和新土，并喷洒 500 倍 50% 托布津湿润薯皮进行消毒，继续育苗	
	烂种率达到全床的 30% 以上	（1）用倒炕的方法，即把烂种薯 ＿＿＿＿＿＿＿，另取无病没受冷的种薯，并更换新土和沙，重新育苗； （2）若种薯不够时，可把腐烂不到 1/2 的种薯留下，切去腐烂部分，用 500 倍 50% 托布津浸种 10 min，进行消毒后上炕； （3）发现黑斑病，控制床土水分在 60% 持水量，进行 35℃～38℃高温催芽 3～4 d，然后降至 30℃。可使病斑干缩，防止病菌继续蔓延	
	床温过高	（1）立即扒出种薯和床土散热； （2）重新排种育苗，但不能采用浇冷水降温的方法，否则，因为 ＿＿＿＿＿＿，更容易蒸坏种薯	
出苗后烂床	黑斑病严重发生时，只能采取促使秧苗生长，争取多采苗的措施。 方法是： （1）用 ＿＿＿＿＿ 份腐熟鸡粪和 ＿＿＿＿＿＿ 份过筛的细土混合均匀撒在床面，厚度约为 5 cm，保持湿润，促使秧苗基部发根，以利于吸收水分与养料。 （2）当秧苗长到 23～25 cm 高时，在离床面 6 cm 处剪苗，并进行药剂浸苗消毒，防止病害传播		

任务 2　科学整地

深耕整地和增施基肥的技术对实现甘薯高产至关重要，起垄栽培是甘薯生产中普遍采用的一种高产栽培技术。请查阅相关资料，参与整地施基肥实践操作或虚拟仿真实训，探究甘薯足墒起垄技术，整理出甘薯整地施肥技术方案，完成表 6.10。

表 6.10 甘薯整地施肥技术方案

技术要点	整地施肥技术措施
1. 深耕整地	（1）深耕作用：可加深松土层，熟化底土；增加土壤的 _____ 结构，提高土壤的 _____ ，改善土壤的通气性；增加秋冬雨雪的渗蓄量；扩大根系的分布范围，增强抗旱能力；有利于土壤 _____ 的活动，促进 _____ 的分解；有利于消灭病虫和杂草； （2）甘薯根系的生长和块根的膨大要求土壤耕层深厚，疏松透气，养分充足。深耕技术中，耕深以 _____ cm 左右为宜，过深不仅不能增产，甚至可能会导致减产
2. 施足基肥	（1）必要性：甘薯生育期长，需肥量多，必须有足够的肥料，才能保证甘薯在各生育阶段的正常生长，从而获得高产； （2）肥料种类：一般每亩施用优质有机肥 _____ kg，如施用土杂肥则应适当增加。此外，也可施入少量尿素、碳铵等速效氮素化肥。在旱薄地上，应重视 _____ 、 _____ 速效肥的施用，一般可在栽插前每亩施硫酸铵和硫酸钾各 _____ kg； （3）施肥方法：以集中 _____ 施、 _____ 施为好。在山东，施用基肥的经验如下：若每亩生产鲜薯 1500～2000 kg，每亩需施土杂肥 2500～3000 kg；若每亩生产鲜薯 2500～3000 kg，每亩需施土杂肥 5000～7500 kg。同时配合施用氮、磷化肥和草木灰。如果肥料充足，可采取深施、分层施的方法，使土肥相融，以充分发挥肥效
3. 起垄	（1）起垄的好处：起垄能加厚疏松耕作层、增加受光面积和提高地温，而且易排水、昼夜温差大，有利于块根的形成与膨大。一般增产 _____ %，南北垄向的比东西垄向的增产 _____ % 除沙性太大的土壤或陡坡山地外，一般地块都可实行起垄栽培 （2）起垄栽培要注意三个问题： 第一，选好垄向，以 _____ 为好，可以使垄面受光面积充足，但在斜坡地上，垄向应和斜坡坡面垂直，以便减少土壤冲刷量； 第二，起垄时，土壤不能过 _____ 或过 _____ ，以免垄面坷垃堆积，影响整地质量； 第三，要求垄脊高而宽，垄沟深且窄，有利于排水和抗旱

任务 3 选择、处理甘薯秧苗

选择和处理甘薯秧苗是生产中非常重要的一环，能够提高甘薯秧苗的成活率、生长速度和产量、防治病虫害、促进根系发育，从而提高甘薯的产量和品质。请参与甘薯秧苗选择和处理实践，或查阅学习资料，探究甘薯秧苗的选择和处理技术，完成表6.11。

表 6.11　甘薯秧苗的选择和处理技术

技术要点	具体要求
1. 选用壮苗	栽插前要去杂、去劣、去损伤、去病虫危害的薯苗，选用 _____ 苗栽插
2. 大小苗分栽	大小苗、壮弱苗要 _____ 栽插
3. 带顶芽栽插	带顶芽栽插，顶端优势强，生长快；不带顶芽栽插，甘薯秧苗失去顶端优势，生长缓慢，一般减产 _____ % 左右
4. 薯苗消毒	采用 50% 辛硫磷 100 倍液或托布津 1000 倍液浸甘薯秧苗苗基部 7～10 cm _____ min，进行薯苗消毒可防止线虫病和黑斑病

任务反思

1. 当甘薯苗高 20 cm 时，应及时采苗，采苗时提倡高剪苗。高剪法采苗相较于传统拔苗方法，在多个方面有显著优势。查阅资料，总结高剪苗的显著优势有哪些？

2. 育苗期间，种薯腐烂、死苗通称烂床。烂床按其发生原因可分为病烂、热烂、缺氧烂 3 种。针对甘薯烂床的原因，参与种植基地甘薯苗床的管理工作或虚拟仿真实训，学会防止烂床及补救技术，整理出具体工作措施方案，指导甘薯生产。

任务拓展

甘薯脱毒育苗技术

甘薯脱毒育苗是利用生物技术将甘薯内的病毒清除出来，并培育出健康无病毒的甘薯和秧苗，恢复优良种性，提高产量和品质。这是一种高效的甘薯种植技术，值得进行深入的研究和应用。

扫描二维码 6.2 了解甘薯脱毒技术的原理及方法。

二维码 6.2　甘薯脱毒技术的原理及方法

项目评价

班级		姓名		日期		
评价指标	评价要素			自评	互评	师评
信息获取	能否有效利用网络、工作手册、智慧平台、专业书籍等资源查找有效信息					
任务实施情况	能否熟练介绍甘薯良种的特征特性					
	是否掌握甘薯苗床地选择的原则					
	是否会种薯上床、管理苗床					
	能否会精选种薯和种薯消毒					
	是否掌握整地、施肥、起垄技术					
	是否会选择、处理秧苗，并进行消毒					
参与状态	是否按时出勤					
	是否积极参与任务实施					
	是否能与老师、同学保持多向、丰富、适宜的信息交流					
	能否积极思考问题，并提出有价值的问题或发表个人见解					
	是否服从老师的管理					
经验收获						
反思建议						

项目二　栽插薯苗

学习任务

1. 了解甘薯适宜栽插的时间。
2. 会确定甘薯栽插的密度。
3. 掌握甘薯的栽插方式与方法。
4. 能完成大田栽插甘薯秧苗方案的制定。

学习准备

课前自主学习本项目的活页资料，完成学习准备检测。

一、甘薯的耐旱性

甘薯是一种比较耐旱的作物，其耐旱性体现在哪些方面？（列举至少两点）

_____

_____

二、温度对甘薯生长的影响

温度是影响甘薯生长的重要因素之一，它直接关系到甘薯的生理活动和生长发育。甘薯作为喜温怕冷作物，其茎叶生长和块根膨大在不同温度条件下表现出不同的特性。把下面的填空补充完整。

1. 甘薯是喜温怕冷作物，茎叶生长一般需要气温在 _____℃以上才能正常进行。

2. 当气温降到 _____℃时，甘薯的茎叶生长基本停止。

3. 对于甘薯块根的形成，地温在 _____℃时最为有利。

4. 当地温低于 _____℃或高于 _____℃时，甘薯块根膨大速度会变慢。

5. 昼夜温差大对甘薯的生长有积极影响，主要是因为它有利于 _____ 的积累，从而促使块根膨大。

6. 生产上采用起垄栽培的方式种植甘薯，其中一个增产的原因就是它有助于 _____ 昼夜温差，这种温差有利于甘薯的生长。

7. 温度条件不仅影响甘薯块根的重量，还影响其品质。在适宜的温度范围内，一般温度越高，块根的 _____ 含量也越高。

三、甘薯的起垄栽培

在生产上，甘薯采用起垄栽培可以增产。从温度条件的角度进行原因分析：

_____

_____

四、湿度对甘薯生长的影响

1. 甘薯生长期间，土壤湿度应保持在：＿＿＿＿＿＿＿＿＿＿＿＿。

2. 土壤湿度过高或过低会对甘薯产生不良影响：

过高：＿＿＿＿＿＿＿＿＿＿＿＿＿＿＿＿＿＿＿＿＿＿＿＿＿＿＿＿＿

＿＿＿＿＿＿＿＿＿＿＿＿＿＿＿＿＿＿＿＿＿＿＿＿＿＿＿＿＿＿＿＿＿

过低：＿＿＿＿＿＿＿＿＿＿＿＿＿＿＿＿＿＿＿＿＿＿＿＿＿＿＿＿＿

＿＿＿＿＿＿＿＿＿＿＿＿＿＿＿＿＿＿＿＿＿＿＿＿＿＿＿＿＿＿＿＿＿

任务实施

任务 1　确定甘薯栽插的适宜时间

甘薯要适时早栽。因为甘薯是无性繁殖农作物，块根膨大没有明显的终止期，只要温度条件适宜，生长期越长，干物质积累越多，产量越高。请实地考察，查阅相关资料，小组合作探究春甘薯栽插的适宜时间，并学以致用，指导当地薯农合理安排甘薯的生产。

任务 2　确定栽插的密度

甘薯的栽插密度相差较大，因品种、土壤、水肥条件等因素的不同而变化。请实地考察甘薯栽插情况，查阅相关资料，合作探究并整理出甘薯合理密植的原则和栽插的密度，完成表 6.12。

表 6.12　甘薯的合理密植

	类型 / 条件		原则
甘薯合理密植原则	品种类型	长蔓型	宜稀
		短蔓型	
	土壤类型与肥力	干旱瘠薄地	宜密
		水肥条件好地	
	茎叶生长情况	生长期长、茎叶茂盛	通风透光性好，宜稀
		生长期短、茎叶稀疏	充分利用光能，宜密
	栽插时间	早栽	宜稀
		晚栽	宜密
	栽插方式	长蔓、水平栽	插入土节数多、结薯多，宜稀
		短蔓、直栽	
	用途	以收获薯块为目的	宜稀
		作饲料或蔬菜用	以青割茎叶为主，宜密

续表

	类型／条件		密度建议（每亩株数）
甘薯栽插密度	土壤类型与肥力	高水肥地	2500～3000
		中等水肥地	3000～4000
		山岭薄地	4000～5000
	行距与株距	行距	60～66 cm
		株距	25～27 cm

任务3　栽插薯苗

甘薯的栽插方式与方法多种多样，各具特点。采用哪种方式和方法最好，应根据当地实际情况，如薯苗长短、栽插时间、土壤墒情及气候条件等具体情况灵活选择最适合的方式与方法进行栽插。请实地考察，通过查阅书籍、网络搜索等方式，小组合作探究并整理好甘薯栽插方式与方法，完成表6.13。

表 6.13　甘薯栽插方式与方法

栽插方式	描述	特点／优势
垄栽单行	等行距	简单易行，适用于一般农田
大垄栽双行	垄顶上交错栽2行	
堆栽	每堆栽6株左右	土肥集中，有利于个体充分发展，提高单株产量
平地栽	在平坦的田地上直接进行栽插	

栽插方法	描述	特点	适用条件	示意图
水平浅栽法	入土各节平栽在3 cm深的浅土层内	结薯多，产量高	精细整地；水肥条件好	
改良水平浅栽法	将薯苗基部一个节弯曲后插入深土层中		春季干旱地区	
直栽法和斜栽法	入土深（2～4节位），深度为10～13 cm	发根快，易成活，抗旱力强	干旱瘠薄的山坡地	
钓钩式栽法和船底式栽法		入土节位多，对结薯有利		

任务反思

1. 在进行甘薯大田栽插时，如何确保垄向选择得当，以实现最佳的受光效果和减少土壤冲刷？请结合实际操作经验进行反思。

2. 在进行甘薯大田栽插时，你是否遇到过特殊的气候条件或环境挑战？你是如何应对这些挑战的？请分享你的应对策略和效果评估。

任务拓展

甘薯秧苗栽插新技术

甘薯一般采用高垄种植（垄高 25~30 cm、垄距 80~90 cm），因其特殊的生理特性，生产上采用的是剪（拔）苗后裸苗栽插形式。由于分苗技术的制约，目前很多国家尚无法实现甘薯全自动移栽。

甘薯机械移栽时先旋耕整地起好垄，然后由拖拉机牵引移栽机进垄地栽插作业。但如此一来，拖拉机轮距与垄距的匹配性较差，轮子走在垄沟中易压垄、伤垄，对拖拉机尺寸及其操作人员要求较高。

甘薯机械移栽种植工艺流程较多，拖拉机下田次数多，耗能耗工问题突出。在偏砂土壤中，栽插过程中移栽机易压伤、破伤垄顶，需人工二次修垄，否则影响后期生长和产量；在麦茬地或茬地移栽时，易推垄、无法栽插等。

为解决上述问题，某机械厂机具与机械化岗位研究团队经过 3 年多的潜心研究和多工况田间性能试验，于近期完成了 2ZFG-2 型甘薯移栽复式作业样机的试制，并在南通、海门等地开展了田间试验。该机通过不同作业部件的位置模块化配置，可实现一机两型（旋耕起垄栽插型和旋耕栽插起垄型），分别满足黏土区和沙壤土区不同土壤的作业需求，同时亦可与旋耕、起垄部件脱离，实现独立的破压茬、栽插、修垄等作业，以满足不同动力配置和多层次的消费需求。

课余时间关注甘薯生产的农机市场，搜集甘薯秧苗栽插的新机械，并在班级群里分享其应用技术和优点。

甘薯秧苗栽插新技术推动甘薯生产向高效化、智能化、功能化方向升级。请利用企业实训的机会，学习掌握甘薯自动化秧苗栽插技术，解决传统栽插劳动强度大、成活率低等问题，提升产业综合效益。

项目评价

班级			姓名			日期		
评价指标	评价要素					自评	互评	师评
信息获取	能否有效利用网络资源、工作手册、智慧平台、专业书籍等资料查找有效信息							
任务实施情况	能否熟练介绍甘薯的栽插时间							
	是否掌握甘薯栽插的密度							
	是否会确定甘薯的栽插方式							
	能否掌握甘薯的栽插方法							
参与状态	是否按时出勤							
	是否积极参与任务实施							
	是否能与老师、同学保持多向、丰富、适宜的信息交流							
	能否积极思考问题，并提出有价值的问题或发表个人见解							
	是否服从老师的管理							
经验收获								
反思建议								

项目三 田间管理

学习任务

1. 了解甘薯各时期生育特点和主攻目标。
2. 理解甘薯各时期田间管理的主攻目标。
3. 理解甘薯中耕培土的时间、次数和深度、打顶心的操作要点。
4. 掌握甘薯的田间管理技术。
5. 会制订甘薯的田间管理技术方案。

学习准备

课前自主学习本项目的活页资料，完成学习准备检测。

一、甘薯的一生和生育时期

甘薯的一生是从栽插到收获的生长发育过程。此期也称作甘薯的 _____。甘薯的一生通常可分为 _____ 个主要的生育时期（见表 6.14）。

表 6.14 甘薯的生育时期

生育时期	时间范围	时长（大致）	生育特点
苗床期	从下种至剪苗栽插	1~2 个月	A. 发芽出苗期：从下种至出苗； B. 幼苗生长期：从出苗至第一次剪苗栽插
发根缓苗期	从栽插秧苗到主茎开始发生分枝	春薯 30~35 天	以生长纤维根为主，耐旱性强，入土各节长出不定根，地上部分生长缓慢
分枝结薯期	从主茎发生分枝到地上茎叶封垄，地下块根雏形形成	春薯 35 天左右	茎叶生长逐渐加快，腋芽迅速发展为分枝，形成块根雏形
薯蔓同长期	从茎叶封垄到茎叶生长高峰期	春薯 7 月上中旬至 8 月下旬	以茎叶生长为中心，薯块膨大也较快，叶面积指数达最高值
回秧收获期	从茎叶开始衰退到收获	春薯 8 月下旬以后约 2 个月	生长中心由茎叶转向块根，块根进入迅速膨大期，茎叶生长转慢，继而停止

二、甘薯产量的构成因素

甘薯的主要收获器官是块根，甘薯的产量主要由 _____、_____、_____3个因素构成。单位面积株数是保证高产的关键，单株块根数量对产量的影响大于薯块重。

三、甘薯块根的形成

甘薯栽后 10~25 d，是决定甘薯块根形成的主要时期。以下是一些利于甘薯块形成的条件：

_____

_____

_____

四、甘薯的生育特点

1. 甘薯从扦插到封垄前为生长前期，也称为 _____ 期。此期生育特点是地上部生长较慢，纤维根发展较快，以生长 _____ 为中心，以后是长分枝和结薯时期，地上部生长开始转快，进入 _____ 与薯块为中心的时期。

2. 甘薯中期是从 _____ 到回秧前，这一时期也称为薯蔓并长期。此期由于 _____ 和 _____，茎叶生长较快，薯块膨大较慢，以 _____ 为中心。

3. 甘薯生长后期是从回秧到收获，又称 _____。此期茎叶质量稍有减少，块根迅速膨大，生长中心由地上转到 _____。如果叶色黄化速度很快，是 _____ 现象，而 _____ 是贪青徒长的长相。本期末叶色褪淡即正常落黄，叶面积系数在 2.0 左右。

任务实施

甘薯的田间管理分为 3 个时期：生长前期、生长中期和生长后期。

任务 1　实施前期田间管理

甘薯的前期：从扦插到封垄前。春甘薯需 60~70 d，7 月上、中旬封垄；夏薯约需 40 d，7 月底、8 月初封垄。甘薯前期的主攻目标是在保证全苗的前提下，促进根系、茎叶和群体的均衡生长。田间管理的主攻方向是保全苗，促叶早发，早结薯。管理以促为主，但不能肥水过猛，否则易导致中期茎叶徒长，影响薯块膨大，造成减产。

请根据此期甘薯的生长发育特点及主攻目标，有针对性地参与生产实践或虚拟仿真实训，制订前期田间管理技术方案，完成表 6.15。

表 6.15　甘薯前期田间管理技术

技术要点	具体要求
1. 查苗补栽	栽插后 _____（3~5/6~8，二选一）d，及时查苗补栽，选用壮苗在 _____（傍晚 / 早晨，二选一）进行。同时，栽插时预留备用苗，补苗时将预备苗浇水后连根带湿土一起挖，放入缺苗处穴内，浇水后封土即可
2. 中耕培土	（1）中耕的作用： （2）中耕的方法： 中耕结合培土，原因是 _____。特别是在 _____ 的情况下，更要及时培土

技术要点	具体要求
3.追施苗肥与壮秧催薯肥	（1）追施苗肥：在查苗补栽的同时，及早进行苗肥的追施，主要使用＿＿＿＿（速效／缓效，二选一）氮肥，如硫酸铵，针对＿＿＿（小／大，二选一）苗、＿＿＿＿（弱／壮，二选一）苗进行追施，以促进苗＿＿＿＿、苗＿＿＿＿＿，为甘薯的茎叶生长和提早结薯打下基础。 （2）追施壮秧催薯肥：栽后 30~40 d，即＿＿＿＿追施壮秧催薯肥，包括硫酸铵和硫酸钾（或草木灰），以促进块根的形成和膨大。对于瘠薄地和基肥不足的情况，应适当＿＿＿＿＿＿＿；而在基肥充足的高产田，可单独施用＿＿＿＿肥
4.轻浇促秧水	（1）浇水的前提条件：＿＿＿＿植株较小，叶面积蒸发量少，比较耐旱，一般不浇水，土壤过于干旱时可以隔沟轻浇。＿＿＿＿，如遇干旱，应浇 1 次透水，促进块根形成层活动，提早结薯，减少梗根出现。 （2）浇水的量：若土壤相对湿度低于 60%，可轻浇 1~2 次，采取浇小水或隔沟浇的方法，土壤含水量保持田间持水量的 70%~80%，对促进茎叶生长和块根膨大有明显效果。浇水后要及时中耕松土，防止土壤板结，以利于通气保墒，提温
5.打顶心	（1）作用：因为甘薯打顶心可以控制茎蔓伸长，调节养分运输方向，有利于块根膨大。 （2）打顶心技术要点：
6.防治苗期地下害虫	主要虫害

地老虎	蝼蛄	金针虫

地下害虫的防治措施
药剂：
器具：
步骤：

任务 2　实施中期田间管理

甘薯的中期阶段是从甘薯封垄到回秧前。春甘薯的中期持续 50 d 左右。甘薯中期的生育特点是高温多雨，日照较少，茎叶生长较快，薯块膨大较慢，以地上生长为中心。甘薯中期的主攻目标是高产田以控为主，即控制茎叶徒长，促进块根膨大；一般田块则促进茎叶生长、块根膨大。

请根据此期甘薯的生长发育特点及主攻目标，有针对性地参与生产实践或虚拟仿真实训，制订中期田间管理技术方案，完成表6.16。

表6.16　甘薯中期田间管理技术

技术要点	具体要求
1. 排水与灌溉	（1）排水：甘薯生长中期正值雨季，若薯田遇雨积水，应确保及时排水，避免薯块因 _____ 并腐烂。因此，需要密切关注天气变化和田间积水情况，一旦积水，最好当日排去，确保薯田排水畅通。 （2）灌溉：此期一般不需要浇水，但如遇伏旱，可隔沟浇小水，以水调肥，促进 _____
2. 雨后提蔓	（1）作用：雨后提蔓，既能防止 _____ 发生纤维根，控制徒长，又能调节 _____ 与 _____。 （2）方法：提蔓勿使茎叶 _____。提蔓时间应掌握在 ____（8月下旬/9月下旬，二选一）以前，以 ____（2~3/4~5，二选一）次为宜
3. 根际、根外施肥	甘薯生长中期需 ____（钾/硫，二选一）量多，因此，可在根际每亩追施硫酸钾 20~25 kg，也可用 100 kg 草木灰 ____（10/20，二选一）倍液进行根外喷雾追肥。 施肥步骤：
4. 防治茎叶害虫	主要虫害

	主要虫害		
斜纹夜蛾	造桥虫	天蛾	卷叶虫
斜纹夜蛾的防治措施：		甘薯天蛾的防治措施：	

任务3　实施后期田间管理

甘薯的后期阶段是从回秧到收获，一般情况下春甘薯的回秧期在8月下旬以后。甘薯的后期生育特点是茎叶质量稍有减少，块根迅速膨大，生长中心由地上转到地下。如果叶色黄化速度很快，是脱肥早衰现象，而叶色浓绿是贪青徒长的长相。甘薯的后期主攻目标是以促为主，防止茎叶早衰，延长功能叶寿命，提高叶片的光合功能，促进块根膨大和淀粉积累，力争高产。

请根据此期甘薯的生长发育特点及主攻目标，有针对性地参与生产实践或虚拟仿真实训，制订后期田间管理技术方案，完成表6.17。

表 6.17 甘薯后期田间管理技术

技术要点	具体要求			
1. 追施保薯肥	8 月下旬甘薯进入 _____ 期后，对叶色落黄稍快、易发生早衰或茎叶长势差的地块，可追施少量速效 ____ 肥，每亩施硫酸铵 4~7 kg，对水 500 kg，或用人粪尿对水稀释后灌入垄缝，以防止茎叶早衰，提高光合强度，促使薯块膨大			
2. 根外喷施氮磷钾肥	甘薯后期根外喷施 1%~2% 尿素溶液，在缺磷、钾地区喷施 2%~5% 过磷酸钙溶液或 0.3% 磷酸二氢钾溶液，每亩喷施 75~100 kg，每隔半个月喷 1 次，共 2 次，有增产效果			
3. 旱灌涝排	如遇秋旱少雨，要及时浇水，防止茎叶早衰，促使薯块膨大。浇水量要 _____ （小 / 大，二选一），避免造成土壤板结，通气不良，影响薯块膨大。但在块根收刨前 ____ （20/30，二选一）d 内不宜浇水，以免降低块根的耐贮藏性。如遇秋涝，要及时排水。否则，甘薯出干率 _____ （低 / 高，二选一），不耐贮藏，严重时还会出现 _____ 现象			
4. 雨后提蔓	（1）雨后提蔓的意义： （2）雨后提蔓时间：9 月上、中旬，雨后可再提蔓 ____ （1/3）次。 （3）雨后提蔓方法：			
5. 收获	适时收获	（1）适期收获的意义： （2）确定收获适期： 甘薯块根为无性繁殖器官，无明显成熟期，收获时期通常根据当地温度而定。生产上一般从气温降到 _____ （17℃~18℃ /19℃~20℃）开始收获，降到 ____ （15/10）℃，即枯霜前收完。 （3）收获技术： 早晨不易落叶，要抓紧时间割秧、晾田；上午 ____ 薯，下午 ____ 薯，入窖。土壤过湿时，应 ____ 割秧，晾晒一段时间后再收刨。 如果收刨季节过于干旱，应在割秧前 ____ 天浇 1 次小水，以便按时收获贮藏。收刨时要注意尽量减少镐伤，运输中做到 _____ ，以利于安全贮藏。切干或加工淀粉的甘薯，收获后应立即 _____ ，以免影响出粉率和晒干率		
	收获方法	收获方法	要求	特点 / 优点
		机械收获	尽量连片种植，田间做垄的规格要求一致	整个收获过程全部由机械完成，效率高
		半机械收获	用简易机械化先将薯块挖出，然后人工捡拾、分装	工作效率比人工收获提高 10~15 倍，收获损伤率与漏收率均比人工刨收减少
		人工收获	田块较小、丘陵坡地以及沟边、田埂、梯田堰边和保护地种植	整个收获过程全部由人工完成，比较灵活

任务反思

1. 在甘薯的前期管理中，查苗补栽是一项至关重要的任务。我们需要反思是否按照要求及时进行了查苗工作，对于缺苗、死苗的情况是否及时进行了补栽，并且补栽的苗是否健壮，能否迅速融入田间的生长环境。同时，也应思考是否有更好的方法来提高补栽的效率和成活率，比如使用更先进的种植技术或者选择更适合的补栽时间。请你根据所学，给农民朋友提出合理化建议。

2. 有的种植户在甘薯茎蔓管理中，每当下雨时，就会把甘薯的茎蔓从沟中翻起放在畦面上，然后待晴天时，再把茎蔓放回原处。请思考，这种"翻蔓"措施对甘薯生长是利多还是弊多？原因是什么？查阅资料，回答问题。

提示：从破坏茎叶影响光合作用等方面去思考。如"翻蔓"时，茎蔓容易折断，叶片容易枯萎落黄，影响植株的正常光合作用，使产量降低。

任务拓展

智能化甘薯田间管理系统的研发与应用

随着科技的发展，智能化、自动化的农业管理系统正逐渐受到重视。可以研发一套适用于甘薯田间的智能管理系统，通过传感器、无人机、大数据分析等技术手段，实时监测甘薯生长环境、病虫害情况、土壤湿度和养分含量等关键指标，并根据数据自动调整灌溉、施肥、打药等管理措施，实现精准农业，提高甘薯产量和质量。请通过网络资源、智慧平台、专业书籍等渠道搜集智能化甘薯田间管理系统的资料，并在班级群中共享。

项目评价

班级		姓名		日期		
评价指标	评价要素			自评	互评	师评
信息获取	能否有效利用网络、工作手册、智慧平台、专业书籍等资源查找有效信息					
任务实施情况	能否了解甘薯前期、中期、后期生长发育特点和主攻目标					
	是否理解中耕培土要求、打顶心技术					
	是否学会甘薯查苗补栽技术					
	能否掌握甘薯前期、中期、后期田间管理技术					
	是否掌握雨后提蔓的技术					
参与状态	是否按时出勤					
	是否积极参与任务实施					
	是否能与老师、同学保持多向、丰富、适宜的信息交流					
	能否积极思考问题，并提出有价值的问题或发表个人见解					
	是否服从老师的管理					

经验 收获	
反思 建议	

模块拓展

脱毒甘薯的生产技术

一、病毒对甘薯生产的影响

甘薯属无性繁殖作物，长期的病毒侵染导致甘薯种性退化，产量下降，品质变劣。根据甘薯病毒病调查结果，甘薯产区的发病率为100%，甘薯品种的发病率为100%，苗床和田间植株的显症率为40%～70%，直接减产20%～40%或更多。

二、脱毒甘薯的增产效果

脱毒甘薯栽插后返苗快，营养生长旺盛，光合势强；结薯早，结薯多，大中薯比例增加，具有显著的增产潜力。各地实践证明，脱毒甘薯一般增产20%～30%。甘薯脱毒技术是当前推广的农业高新技术成果之一。

三、甘薯脱毒的方法与技术

甘薯病毒生活在甘薯细胞中，难以用药物防治。由于甘薯茎尖分生组织的输导组织不健全，并含有大量生长激素等原因，病毒颗粒在茎尖生长点处很少存在或没有，即"茎尖无毒或少毒"。采用组织培养技术，在无菌条件下，获取无毒或少毒的茎尖，培养出无病毒甘薯新苗，即脱毒甘薯苗，从而恢复甘薯优良种性。这是目前国内外防治甘薯病毒唯一的有效方法。

四、甘薯脱毒配套技术环节

1. 确定当地最适用的品种；

2. 对种薯进行催芽和消毒处理。在无菌条件下，使用解剖镜切取带1~2个叶原基的茎尖分生组织，并将其置于基础培养基中，在适宜温光条件下进行培养；

3. 通过病毒检测证实是无毒苗；

4. 通过生产性能鉴定，鉴定出无毒良种苗；

5. 对无毒苗采取工厂化试管切段快繁；

6. 进行炼苗；

7. 在网室中进行防传毒处理，快繁生产原原种薯或苗；

8. 在网室或空间隔离条件下生产原种薯或苗；

9. 使用原种生产良种薯或苗；

10. 农户种植良种薯或苗。

在实验室练习脱毒甘薯的繁育技术，总结出该技术的关键步骤。

行业专家指出，甘薯脱毒种苗配合水肥一体化、智能分选等技术的综合应用，正推动我国甘薯产业向标准化、品牌化加速转型。利用课余时间搜集资料，做一份科普宣传海报，主题是"科技赋能甘薯产业，脱毒种苗助力乡村振兴"。

模块七
马铃薯生产技术

学习内容提要

■播前准备：选用良种、科学整地、种薯处理。

■播种：确定播种期、提高播种质量、播种。

■加强田间管理：中耕培土、肥水管理、病虫害防治。

学习目标

■素质目标：通过学习，逐步养成和具备工程思维的工作意识、科学严谨的学习态度、精益求精的工匠精神、助农爱农兴农强农的"三农"情怀；具备国家粮食安全战略意识。

■知识目标：掌握马铃薯播前准备的工作流程及品种选择、科学整地、处理良种技术。掌握田间管理技术要求，能识别常见的病虫害并能制定病虫害的防治措施。

■技能目标：能够科学规范地进行马铃薯的良种选择、良种处理、种子购买、适期播种、田间管理、病虫害防治、适时收获。

重难点

■重点：马铃薯的播种、田间管理。

■难点：选用良种、确定播种适期、良种处理。

项目一　播前准备

学习任务

1. 了解马铃薯的良种标准，了解马铃薯的优良品种。
2. 理解马铃薯良种选用原则。
3. 熟悉马铃薯不同时期的整地技术。
4. 会选用马铃薯良种，能根据生产需求购买种子。

学习准备

课前自主学习本项目的活页资料，完成学习准备检测。

一、马铃薯的生产意义

1. 世界四大主粮：_____、_____、_____、_____。

2. 我们食用马铃薯的部位是：_____。

3. 马铃薯的食用功效：_____。

二、马铃薯的生产概况

1. 在中国，马铃薯种植面积广泛，主要分布在_____、内蒙古、_____、_____ 和云南等省份。

2. 马铃薯生产未来发展趋势

（1）品种改良与优质化。

（2）绿色生产与可持续发展。

（3）_____。

三、选用马铃薯良种

对于农产品来说，选种是关键。选购马铃薯良种是一项必备技能。请小组合作，通过搜集资料、采集调查，探究如何购买马铃薯良种并记录。

_____

_____

_____

任务实施

任务 1　选用良种

选用良种是获得马铃薯高产的物质基础，马铃薯良种具有植株生长壮、块茎膨大快、养分积累多、抗病性和抗逆性强等特性。

马铃薯的品种区域性较强，每个品种都有其一定的适应范围，并非对各种自然条件都能适应。这便要求要"适地适薯",发挥增产作用。

请同学们通过智慧平台、网络、专业书籍等资料、渠道,整理出选用马铃薯良种遵循的原则,完成表7.1。

表7.1 选用马铃薯良种遵循的原则

序号	选用良种的原则
1	
2	
3	
4	
……	

任务2 科学整地

马铃薯喜壤土,实行秋季深翻晒垡、耙耱保墒或起垄等作业。扫描二维码7.1,请各小组合作探究并制订出马铃薯播前的整地施肥方式,完成表7.2。

二维码7.1 马铃薯播前整地施肥

表7.2 马铃薯科学整地施肥技术

技术要点	具体要求
深耕整地	一般耕深不浅于25 cm;若土壤墒情不好,要提前灌溉一次,再进行深耕
垄作	
基肥种类	以有机肥为主,配合一些尿素、碳铵、过磷酸钙等化肥
基肥用量	一般每亩用2500 kg
施用方式	

任务3 种薯处理

任务3.1 种薯出窖、挑选种薯

种薯出窖的时间,应根据当时种薯储藏的情况、预定的种薯处理方法以及_____,三个方面综合考虑。选择具有品种特征,表皮光滑、幼嫩、皮色鲜艳、无_____、无_____的块茎做种。

任务 3.2 种薯催芽

马铃薯的种子催芽，主要作用包括室内催芽、露地催芽、层积催芽、温床保温催芽以及药剂催芽。请查阅资料完成表 7.3。

表 7.3 种薯催芽技术

催芽方法	技术措施
1. 室内催芽	将种薯放在明亮室内，平铺 2~3 层，每隔 3~5 d 翻动一次，使之均匀见光。 经过 40~45 d，幼苗长至 1~1.5 cm，再严格精选一次。 堆放在背风向阳地方晒 5~7 d，即可切块播种
2. 露地催芽	在种植马铃薯的田间地边，选择背风向阳的地方，入冬前挖若干个基础催芽床。 播种前 20~25 d 将之前挖好的基础催芽床整修，床底铺半腐熟的细马粪 3 cm，再铺上细土 2 cm。 将选好的种薯放于床内，一般放置 4~5 层，每床约放 750 kg 种薯，种薯上面盖细土 5 cm，再盖马粪 3~5 cm。 然后用塑料布覆盖，四周用湿土封闭。大概 15 d 即可催出 0.2~0.5 cm 的短壮芽。 再从床将种薯取出放在背风向阳处，晒种 7 d，即可切块播种
3. 层积催芽	
4. 温床保温催芽	春播时因外界气温较低，于播种前 20~30 d 开始，采用酿热温床和暖炕热床等方法催芽。 床温 15~18℃，一般不宜超过 20℃。在催芽过程中常洒水，保持相对湿度 60%~70%，以防止空气过分干燥，薯块萎缩；同时要勤检查，随时拣出烂薯
5. 药剂催芽	

任务 3.3 种薯切块

种薯切块是一项既简单又重要的马铃薯播前准备工作。请扫描二维码 7.2 学习马铃薯种薯切块方法，指导农户进行种薯切块，为乡村振兴贡献自己的力量，总结归纳马铃薯种薯切块技术，完成表 7.4。

二维码 7.2 马铃薯种薯切块视频

表 7.4　马铃薯种薯切块

帮助对象	马铃薯种植大户
需要的器具	
计算种薯用量	
操作过程	
评价与反馈	

任务反思

我国马铃薯种植面积居世界第一，但单产水平有待提高，平均每亩产量仅为 1 400 kg，远低于发达国家平均每亩 2 500 kg 的水平。小组合作探究原因，并商讨解决方案。

任务拓展

马铃薯脱毒技术

在栽培过程中，马铃薯会出现长势衰退、产量品质下降、商品性状变差等现象，也就是人们常说的马铃薯退化。马铃薯茎尖脱毒技术可以有效防止马铃薯退化，成为提高马铃薯产量的一项根本性措施。

1. 取材和消毒。

将欲脱毒的品种块茎催芽，芽长 4~5 cm 时，剪芽并剥去外叶，自来水下冲洗 40 min，于无菌室内用漂白粉溶液消毒后，无菌水冲洗 2~3 次。

2. 剥离和接种。

在无菌室内，于 40 倍解剖镜下，剥取带 1 个叶原基的茎尖，接种于 MS 茎尖培养基的试管中。试管中的 MS 茎尖培养基包括大量元素、微量元素、有机成分和生长素、细胞分裂素、蔗糖和琼脂，pH 为 5.8，经高压灭菌后使用，每试管接种 1 个茎尖。

3. 培养条件。

接种的茎尖在培养室内培养于 25℃、1 500~3 000 Lx 光照条件下，3 个月时间即可长成 3~4 片叶的小植株。在无菌条件下，进行切段扩繁 1 次，取部分苗进行病毒检测。

4. 病毒检测。

病毒检测是茎尖脱毒不可缺少的步骤，常用鉴别寄主即指示植物或血清学方法进行检测。经多次检测，及时淘汰血清学阳性反应或在指示植物上有症状的茎尖苗，无任何反应的茎尖苗即脱毒苗用作繁殖。

请小组合作探究马铃薯种薯脱毒技术，完成表 7.5。

表 7.5　马铃薯种薯脱毒技术

目的		
原理		
技术要点	技术要点	具体要求
	1.取材和消毒	
	2.剥离和接种	
	3.培养条件	
	4.病毒检测	

项目评价

班级		姓名		日期		
评价指标	评价要素			自评	互评	师评
信息获取	能否有效利用网络、工作手册、智慧平台、专业书籍等资源查找有效信息					
任务实施情况	能否熟练介绍马铃薯良种选择的原则					
	是否能进行马铃薯科学整地					
	是否掌握马铃薯种薯切块技术					
	能否科学选用马铃薯种薯					
参与状态	是否按时出勤					
	是否积极参与任务实施					
	是否能与老师、同学保持多向、丰富、适宜的信息交流					
	是否积极思考问题，能提出有价值的问题或发表个人见解					
	是否服从老师的管理					
经验收获						
反思建议						

项目二　播种

学习任务

1. 了解马铃薯的适宜播种期。
2. 掌握马铃薯播种量的计算方法。
3. 掌握马铃薯播种技术。
4. 会制订马铃薯播种方案。

学习准备

课前自主学习本项目的活页资料，完成学习准备检测。

一、马铃薯适期播种

1. 确定马铃薯适宜播种期的重要因素是 _____。

2. 我国北方春薯的适宜播期在3月上旬至 _____，南部早，北部晚。

二、马铃薯生产概况

1. 东北和甘肃、青海等西北地区，一般是在4月中下旬—5月中旬（即二十四节气中 _____ 后，_____ 前）种植，秋季收获。

2. 山东、河北、河南、山西、江苏、湖南、河北等地。属于中原一带，一般2、3月份（二十四节气中雨水后，_____ 前）种植春土豆，6~7月是收获季。

3. 广东、广西、海南、云南、贵州等地一般于10月中下旬~11月份（二十四节气中 _____ 后，立冬前）播种，下一年2~3月份收获。

4. 马铃薯的种薯在土温5~8℃的条件下即可萌发生长，最适温度为 _____ ℃。

任务实施

任务1　确定适宜播期

请同学们查阅资料整理出确定马铃薯适宜播种期遵循的原则，完成表7.6。

表7.6　确定马铃薯适宜播种期遵循的原则

序号	确定马铃薯适时播种期遵循的原则
1	
2	
3	
4	

任务 2　计算播种量

播种量因播种面积、密度和切块大小而定。各小组合作探究，利用所提供的计算公式计算出马铃薯种薯用量，完成表 7.7。

表 7.7　计算马铃薯种薯播种量

计算任务	某农户计划播种马铃薯 100 亩，要求亩基本穴数 5000 穴，切块重 25 g 左右，请帮助农户计算至少应该准备多少种薯量。
计算公式	种薯用量（kg）= 切块重（kg）× 每亩穴数 × 计划播种面积（亩）
计算过程	
种薯用量	_____kg

任务 3　播种

播种是获取高产的重要环节。目前，马铃薯播种有机械播种和人工播种两种，在平原地区主要采用自动化机器进行播种，不能机械作业的山地等小地块采用人工播种，但其行距大小及行距配置依地力和产量水平而异。新型智慧播种机的使用更能保证下种均匀一致，周末时间调研当地马铃薯播种新型机械的使用情况，班级群分享调研结果。

任务 3.1　确定播种深度

播种深度及覆土深度，要根据土壤质地和墒情而定。

土壤疏松、春旱严重地区，可适当 _____，播深为 _____cm，土壤黏重、潮湿地区应_____播，播深 6~8 cm。山区旱地大都采用_____的方法，增产效果显著。

任务 3.2　确定播种方法

农业的进步促进了马铃薯播种方式的多样性，但是播种方法依然需要根据当地情况而定。扫描二维码 7.3 查找资料，各小组合作探究马铃薯的播种方法，完成表 7.8。

二维码 7.3　马铃薯播种方法

表 7.8　马铃薯的播种技术

播种方法	技术要求
垄作	
平作	一般采用深开沟浅覆土的方法，即用犁开沟 13 cm，覆土 7.5 cm，出苗至开花前培土填沟
芽栽	平栽： 斜栽：
"抱蛋"栽培	（1）培育矮壮芽：在温暖、阳光充足的环境下，平铺 2~3 层种薯，温度保持在 20~25℃，使薯块发芽；然后在栽前 20~30 d 开始，把带有壮芽的整薯芽眼朝上摆在床内，薯间保持 3~6 cm 间距，浇水后覆土 3 cm，埋平矮壮芽；将床上加以覆盖，床温以 5~15℃为宜，移栽前约 1 周，可揭盖炼苗，晚霜后，苗高 6~10 cm 时即可移栽。 （2）深栽浅盖：栽苗时开沟宽为 12~15 cm，摆苗后浇少量水再覆土 3 cm。 （3）多次培土：移栽后约 10 d，培土厚 3 cm，隔 7~15 d 再次培土厚 6 cm，再隔 7~15 d，培土厚 10 cm。早熟品种每次培土隔离时间短些。最后一次培土应在封垄前结束
穴点种法	技术措施：
机械播种法	播种前先按要求调节好株、行距，再用拖拉机作为牵引动力播种，种薯一律采用整薯

任务反思

某农户根据要求适时人工播种马铃薯（图 7.1），但是出苗后是参差不齐，请简要分析原因。

图 7.1　马铃薯栽植

任务拓展

阳台栽培马铃薯技术

阳台种菜是现在城市一族比较爱体验的农作活动，当然也缺少不了马铃薯。扫描二维码 7.4 学习阳台栽培马铃薯的具体种植技术，学以致用，成为真正的家庭种菜小专家。

二维码 7.4 阳台栽培马铃薯技术

项目评价

班级		姓名		日期		
评价指标	评价要素			自评	互评	师评
信息获取	能否有效利用网络、工作手册、智慧平台、专业书籍等资源查找有效信息					
任务实施情况	能否熟练确定马铃薯适宜播种期					
	能否准确计算马铃薯播种量					
	能否掌握马铃薯种薯切块技术					
	能否掌握马铃薯播种技术					
参与状态	是否按时出勤					
	是否积极参与任务实施					
	是否能与老师、同学保持多向、丰富、适宜的信息交流					
	是否积极思考问题，提出有价值的问题或发表个人见解					
	是否服从老师的管理					
经验收获						
反思建议						

项目三　田间管理

学习任务

1. 了解马铃薯各时期的生育特点。

2. 理解马铃薯各时期田间管理的主攻目标。

3. 掌握马铃薯的田间管理技术。

4. 会确定马铃薯的适宜收获期。

学习准备

课前自主学习本项目的活页资料，完成学习准备检测。

一、马铃薯的一生

1. 马铃薯的一生是指马铃薯从 _____ 到 _____ 形成的过程。

2. 马铃薯的生育期是指马铃薯从出苗到成熟所经历的天数。

3. 马铃薯生育时期的划分是进行农业技术管理的重要依据，根据马铃薯茎叶生长和产量形成的相互关系，结合我国北方一作区的生育特点，将马铃薯的生长发育过程划分为 _____ 个生育时期（见表 7.9），从现蕾到第一花序开花为 _____ 期。

表 7.9　马铃薯的生育时期

生育时期	马铃薯生育时期划分的标准
发芽出苗期	从块茎萌芽（播种）至幼苗出土为发芽出苗期
幼苗期	从幼苗出土到现蕾为幼苗期
块茎形成期	从现蕾至第一花序开花为块茎形成期
块茎增长及淀粉积累期	盛花至茎叶开始衰老为块茎增长期，茎叶开始衰老到植株基部 2/3 左右茎叶枯黄为淀粉积累期

二、马铃薯的产量构成要素

马铃薯的产量是由 _____ 与 _____ 构成。

产量计算公式：

每公顷产量 = 每公顷株数 × 单株结薯重

单株结薯重 = 单株结薯数 × 平均薯块重

单株结薯数 = 单株主茎数 × 平均每主茎结薯数

三、马铃薯的生育特点

1. 马铃薯的生长前期包括发芽出苗期、幼苗期，这一时期是块茎利用 _____ 的营养，生长茎、叶和根，以根、茎、叶的生长为中心，同时伴随着匍匐茎的形成和伸长以及 _____ 的分化。

2. 马铃薯的生长中期是块茎形成期，一般历时 30 d。该期是决定单株结薯数的关键时期，生长特点是：_____。

3. 马铃薯的生长后期是块茎增长及淀粉积累期。

（1）块茎增长及淀粉积累期一般历时 15~25 d。此期侧枝茎叶继续生长，叶面积达到最大值，块茎进入了 _____ 阶段。此期是一生中茎叶和块茎增长最快、生长量最大的时期，是决定块茎体积大小和经济产量的关键时期。

（2）淀粉积累期。此期为 20~30 d。该期的马铃薯块茎淀粉积累速度达到一生中的最高值，其生育特点是：_____。

（3）除此之外，马铃薯还有 _____、分枝、_____ 和休眠四大特性。了解掌握这些规律并加以科学合理利用，就能在马铃薯种植上创造有利条件，满足生长需要，达到增产增收的种植目的。

任务实施

任务1　实施前期田间管理

马铃薯的生长前期包括发芽出苗期、幼苗期两个生育期，该阶段是马铃薯以营养生长为主的阶段。前期的主攻目标是查苗补苗、中耕除草、促下带上、培育壮苗。

请根据此阶段马铃薯的生长发育特点及主攻目标，有针对性地参与生产实践或虚拟仿真实训，制订前期田间管理技术方案，完成表 7.10。

表 7.10　马铃薯前期田间管理技术

技术要点	具体内容
1. 查苗补种，疏苗补栽	（1）时间：当幼苗基本出齐后，应查苗补苗。 （2）方法：补苗方法可在缺苗附近找一穴多茎的植株，把过多的苗带土挖出，原穴用湿土培好。 （3）注意问题：随挖随栽，注意浇水，以利成活
2. 中耕除草	发芽出苗期 （1）闷锄的意义：提高地温，出苗整齐。 （2）适时闷锄技术： 幼苗期 （1）深松土、浅培土意义： （2）除草、防治地下害虫：
3. 合理灌溉	（1）发芽出苗期：干旱严重、土壤缺墒时进行苗前浇水。 （2）幼苗期：保持土壤湿润，适宜的耕层土壤水分保持在田间最大持水量的 _____ 左右
4. 科学施肥	施肥技术：发芽出苗期一般不施肥，幼苗期根据栽培条件及幼苗长相酌情追施速效化肥，用量占施肥总量的 _____

技术要点	具体内容					
	主要虫害			主要病害		
	地老虎	蛴螬	蚜虫	病毒病	灰霉病	晚疫病
5. 防治前期病虫害	地下害虫的防治措施：			病毒病的防治措施： 晚疫病的防治措施：		

任务 2　实施中期田间管理

马铃薯的生长中期是块茎形成期，该时期是马铃薯营养生长与生殖生长并进阶段。中期的主攻目标是使马铃薯茎秆粗壮、叶片肥厚、长势苗壮。请根据此阶段马铃薯的生长发育特点及主攻目标，有针对性地参与生产实践或虚拟仿真实训，制订中期田间管理技术方案，完成表 7.11。

表 7.11　马铃薯中期田间管理技术

技术要点	具体要求					
1. 中耕培土，植株调整	（1）中耕培土：疏松土壤，加厚 ＿＿＿＿＿＿＿＿＿＿＿＿＿，消灭杂草，提高地温； （2）植株调整：摘花摘蕾，作用是节省植株营养					
2. 合理灌溉	（1）需水量：达到最高峰，约占全生育期的 1/2； 土壤水分含量以土壤最大持水量的 ＿＿＿＿＿＿＿＿＿＿＿ 为宜。 （2）浇水方式：应避免大水漫灌，最好实行沟灌或小水勤浇勤灌					
3. 科学施肥	根据植株长势和天气情况酌情施肥； 追施肥料以 ＿＿＿＿＿＿＿＿＿＿＿ 为主，酌情追施磷肥和氮肥					
4. 防治中期病虫害	主要虫害			主要病害		
	粉虱	二十八星瓢虫	蚜虫	青枯病	黑胫病	早疫病
	粉虱的防治技术			早疫病防治技术		

任务 3　实施后期田间管理

马铃薯的生长后期是块茎增长及淀粉积累期，该时期是以生殖生长为主的阶段。后期的主攻目标是控制地方部分徒长，促进块茎膨大充实，保持较大的叶面积、较高的光合速率，延长块茎增长及充实期，达到量大质优的目的。

　　扫描二维码 7.5 和二维码 7.6，学习马铃薯的病虫害防治、马铃薯适时收获知识，结合此阶段马铃薯的生长发育特点及主攻目标，有针对性地参与生产实践或虚拟仿真实训，制订后期田间管理技术方案，完成表 7.12。

二维码 7.5　马铃薯病虫害防治视频　　　　　　二维码 7.6　马铃薯的适时收获

表 7.12　马铃薯后期田间管理技术

技术要点	具体要求					
1. 中耕培土	（1）中耕的时间： （2）培土的时间： （3）中耕培土的作用：深中耕，高培土，不但有利于块茎的形成膨大，而且还可以增加结薯层次，避免块茎暴露地面见光变质					
2. 合理灌溉	（1）时间： （2）其他要求：保持土壤湿润，浇水宜大水浇透。收获前 ＿＿＿＿＿＿ 停止浇水					
3. 科学施肥	（1）方式： （2）作用： （3）肥料：					
4. 防治后期病虫害	主要虫害			主要病害		
	地老虎	蛴螬	块茎蛾	疮痂病	环腐病	晚疫病
	块茎蛾的综合防治措施： 防治方法： 器具：			疮痂病、环腐病的防治措施： 防治方法： 器具：		
5. 适时收获	收获方法		收获时间	收后处理		
	人工挖掘		成熟期	收获后及时运回，放到阴凉通风的干燥处堆放 2~3 周，使皮层硬化，再精挑细选分级，剔除小、病、烂薯		
	机械收取		成熟期			

任务反思

会种粮，不如"慧"种粮。智慧农业在降本增效、节肥减药（图7.2）、扩面提质方面的好处日益凸显，数字技术在农村的广泛应用，不断催生新模式新业态，为农业农村现代化注入新动能。其中，水肥一体化"土壤墒情自动监测＋智能决策＋精准水肥管理＋终端智能控制"技术集成模式，使山区马铃薯种植实现了集约化、智能化和高效化管理。通过网络搜索了解马铃薯生产，还有哪些数字田间管理技术？

图 7.2　无人机防治马铃薯病虫害

任务拓展

马铃薯贮藏技术

一、马铃薯的贮藏特性

1. 休眠特性。

马铃薯收获后一般有 2~4 个月的休眠期，休眠期的长短因品种不同而异。晚熟品种休眠期短，早熟品种休眠期长。成熟度不同对休眠期的长短也有影响，尚未成熟的马铃薯茎的休眠期比成熟的长。贮藏温度也影响休眠期长短，特别是贮藏初期的低温对延长休眠期十分有利。

2. 养分转化。

马铃薯富含淀粉和糖，在贮藏中淀粉与糖能相互转化。当温度降至 0℃时，淀粉水解活性增高，薯块内单糖积累，薯块变甜，食用品质不佳，加工品变褐。如果贮藏温度升高，单糖又会合成淀粉。

3. 温度的影响。

当贮藏温度高于 30℃和低于 0℃时，马铃薯的薯心容易变黑。

二、马铃薯的贮藏条件

1. 马铃薯适宜的贮藏温度为 3℃~5℃，但作薯片或薯条原料的马铃薯应贮藏于 10~13℃的条件下。

2. 马铃薯贮藏的适宜相对湿度为 85%~90%，湿度过高易腐烂，过低易失水，薯块皱缩。

3. 光照能促使马铃薯发芽，增加薯块内茄碱苷含量。正常薯块的茄碱苷含量不超过 0.02%，对人畜无害，但薯块照光或发芽后，茄碱苷含量急剧增高，对人畜都有毒害作用。因此，马铃薯应避光贮藏。

扫描二维码 7.7 学习马铃薯的贮藏技术，然后小组合作完成表 7.13。

二维码 7.7　马铃薯的贮藏技术

表 7.13　马铃薯的贮藏技术

贮藏方式	调控措施
入窖后贮藏前期	
入窖后贮藏中期	
入窖后贮藏后期	

项目评价

班级		姓名		日期		
评价指标	评价要素			自评	互评	师评
信息获取	能否有效利用网络、工作手册、智慧平台、专业书籍等资源查找有效信息					
任务实施情况	能否熟练进行马铃薯田间管理主攻目标的分析					
	是否会合理地对马铃薯进行水分管理					
	是否会进行马铃薯的科学施肥					
	能否正确识别马铃薯病虫害并进行防治					
	能否掌握马铃薯收获的最佳时期，并进行收获					
	是否会制订马铃薯田间管理方案					
参与状态	是否按时出勤					
	是否积极参与任务实施					
	是否能与老师、同学保持多向、丰富、适宜的信息交流					
	是否积极思考问题，能提出有价值的问题或发表个人见解					
	是否服从老师的管理					
经验收获						
反思建议						

模块拓展

"进化透镜"助力马铃薯育种

马铃薯营养全面，富含碳水化合物、膳食纤维和维生素，在国际上是 13 亿人、125 个国家的主粮，也是我国第四大主粮作物，对全球粮食安全具有重要意义。在种植方面，马铃薯具有产量高、用水少、可种植地域广等优点。然而，由于传统栽培马铃薯是同源四倍体，基因组复杂，导致育种进程十分缓慢。此外，薯块无性繁殖还面临着繁殖系数低、储运成本高、易携带病虫害等问题。培育优质马铃薯品种成为难题。

2023 年 5 月 4 日，国际学术期刊《细胞》在线发表了中国农业科学院深圳农业基因组研究所黄三文团队的最新成果，被称为是马铃薯育种进化"透镜"技术。这一技术最核心的理论，要从达尔文的进化论说起。如今地球上多种多样的物种是经历了亿万年进化形成的，在进化过程中物种的基因组序列并不是一成不变的。但是，一些具有重要功能的序列是不能改变的，它们会在进化过程中保留在不同物种中，研究人员称这一现象为"进化约束"，把这些不变的序列称为"进化保守位点"，找到这些高度保守的位点以及哪些位点在马铃薯中发生了突变非常关键。"进化透镜"技术就是通过追踪最长 8000 万年、累计 12 亿年的马铃薯基因组进化痕迹，绘制了首个马铃薯有害突变的基因二维图谱。这一图谱将有效帮助育种家预测马铃薯育种中可能出现的基因"踩坑"处，由此大大加速杂交马铃薯的育种进程。该成果标志着我国在马铃薯育种基础理论和技术上进入世界领先地位。

到 2027 年，粗略估计我国马铃薯自主品种市场占有率达 85%，全产业链产值突破千亿元。随着分子设计与智能育种技术的深度融合，马铃薯产业正从"产量驱动"向"质量与效益并重"转型，为保障粮食安全和乡村振兴提供科技支撑。2025 年农业农村部启动"马铃薯智慧育种 2030 计划"，请查阅相关文件，了解该计划的目标有哪些。

模块八

棉花生产技术

■ 播前准备：精选良种；种子处理；选地整地；增施基肥；因地适时造墒；准备地膜。

■ 播种：棉花播种时间确定；计算棉花播种量；棉花播种技术。

■ 田间管理：棉花各时期生育特点；各时期田间管理的主攻目标；田间管理技术；适期收获。

学习目标

■ 素质目标：通过学习，逐步养成和具备工程思维的工作意识、科学严谨的学习态度、精益求精的工匠精神、助农爱农兴农强农的"三农"情怀；具备国家粮食安全战略意识。

■ 知识目标：掌握棉花生产的流程环节，理解棉花良种选择的原则、整地基本要求、种子处理的具体措施、田间管理技术要求，能识别常见的模块病虫害并能制定出病虫害的防治措施。

■ 技能目标：能够科学规范地进行棉花的良种选择、种子处理、播前整地、适期播种、田间管理、病虫害防治、适时收获。

重难点

■ 重点：棉花的播种、田间管理。
■ 难点：选用良种、确定播种适期、处理种子。

项目一　播前准备

学习任务

1. 了解棉花的优良性状。
2. 理解棉花良种对棉花生产的作用。
3. 熟悉棉花种植的整地技术。
4. 会选用棉花良种，会测定棉花种子的生活力、发芽率，能正确处理棉花种子。

学习准备

课前自主学习本项目的活页资料，完成学习准备检测。

一、棉花的生产意义

棉花的生产具有哪些重要的经济和社会意义？探究并记录结果。

_____

_____

_____

二、中国的四大棉区

1._____ 2._____

3._____ 4._____

三、棉花的类型

1._____ 2._____

3._____ 4._____

四、棉花良种的培育和应用

棉花良种的培育和应用对于提升棉花产业的整体竞争力、促进农业可持续发展、保障国家棉花安全以及支持农民增收等方面都具有深远的影响。良种棉花具备的优良性状表现：

1._____ 2._____ 3._____ 4._____ 5._____

6._____ 7._____ 8._____ 9._____ 10._____

五、棉花良种

生产上推广的棉花良种主要有常规种和杂交种两种类型。杂交种营养体大，优势强，增产潜力大，但制种成本高。各地应根据当地的地力状况、生产条件、种植制度及市场需求特点选择适宜的品种。北方地区常用的棉花良种举例：

1._____ 2._____ 3._____ 4._____

六、种子处理

棉花播种前进行种子处理，是控制病虫害、提高种子发芽率和保证一播全苗的有效措施。探究棉花种子处理技术的作用，完成表8.1。

表8.1　棉花种子处理技术的作用

种子处理方法	作用
1.晒种	
2.硫酸脱绒	
3.浸种	
4.药剂拌种	
5.闷种	
6.种子包衣	

七、整地

棉花喜欢温暖、湿润、光照充足、土层深厚、土壤肥沃、空气流通、排水良好、地势平坦的环境。棉田整地须达到_____、_____、_____、_____、_____。这六字中"_____"是关键。

八、增施基肥

棉花生育期长，根系分布深而广，不但要求表层土壤具有丰富的矿质营养，而且耕层深层也应保持较高的肥力，并能缓慢释放养分。因此，应重视基肥的应用。基肥以_____肥为主，再配合适量的_____、_____肥。

九、造墒

棉花播种前要适时造墒，注意保墒，要保证土壤_____、_____。

十、地膜覆盖的优势

1._____　　2._____　　3._____

十一、棉花种子发芽率和生活力的测定

1.棉花种子发芽率和生活力的测定对于保证种子质量和提高农作物产量具有重要意义。_____测定方法虽然准确但耗时较长，而基于_____的现代测定方法则提供了快速、高效的解决方案。

2._____测定等技术为快速评估种子生活力提供了有效手段。综合运用这些方法，可以有效提升棉花种子检测的准确性和效率，为农业生产提供科学依据。

任务实施

任务1　选用良种

棉花良种是实现棉花高产、优质、高效的基础，具备抗病虫害、高产、纤维长、品质好等性状。通过搜索网络、查阅书籍，整理出五个常用棉花良种的特征特性和适

宜种植区域，完成表 8.2。

表 8.2　棉花良种的品种特性

品种名称	品种特性	特征特性	栽培技术要点	种植区域
鲁棉研 37 号				
新陆中 67 号				
新陆中 66 号				
惠远 720				
华杂棉 H318				

任务 2　科学整地

任务 2.1　借助学习准备资料并到基地实地考察，合作探究制订出一熟棉田和两熟棉田的整地、施肥方案，完成表 8.3。

表 8.3　一熟棉田和两熟棉田的整地、施肥方案

棉田	整地、施肥方案	备注
一熟棉田	整地： 施肥：	在当前生产条件下，高产棉田的耕地深度以 _____cm 左右为宜
两熟棉田	整地： 施肥：	

任务 2.2　灌溉底墒水

请根据不同的土壤条件给出棉花灌溉底墒水的合理建议，完成表 8.4。

表 8.4　不同土壤条件下的造墒建议

土壤条件	造墒建议
已经冬灌、墒情好	
墒情不好	
盐碱地	
重度盐碱地	
没有水浇条件的旱地	

任务3　处理种子

任务 3.1　科学处理种子

棉花种子处理对于确保作物的健康生长和提高产量具有重要意义，种植基地或其他场所进行棉花种子处理，整理出棉花种子不同处理技术的步骤，完成表 8.5。

表 8.5　棉花种子处理技术

处理技术	技术措施
1. 晒种	（1）晒种时间：一般在播种前 _____ d； （2）措施：选择 _____ 天气条件，摊晒厚度不超过 _____ cm；暴晒 _____ d，每天 _____ h，每天翻动 _____ 次（脱绒包衣种子，要在弱光天气条件下晾晒 1 d 左右）
2. 硫酸脱绒	步骤： （1）将棉籽放入缸内； （2）按每 10 kg 棉籽加 _____ 浓硫酸； （3）边倒边搅拌，经 _____ 左右，短绒全部脱净； （4）立即取出放入尼龙沙袋或竹篓中用清水反复冲洗； （5）直至 _____，摊开晾干备用
3. 浸种	步骤： （1）将晒选好的棉籽放入缸中； （2）倒入调温至 _____ 的温水，快速搅拌，使棉籽受热均匀； （3）浸 _____ 后立即倒入冷水，搅拌均匀，使棉籽迅速降温； （4）在 _____ 的水中再浸泡 _____，胚芽萌动时捞出晾干； （5）拌上药剂后即可播种
4. 药剂拌种	措施： 按 10 kg 干棉种用 _____ 可湿性粉剂 50 g 加 50% _____ 可湿性粉剂 30 g 拌种，或用 40% 拌种双可湿性粉剂 125 g，或 50% _____ 粉剂 60 g 拌种
5. 闷种	措施： 每 50 kg 棉种用 _____ 的温水 25 kg，分两次加入； 第一次先加 10 kg，用喷雾器均匀喷洒，并不停地搅拌，然后用塑料布盖好；_____ 后，再把余下的 15 kg 均匀喷入，搅拌均匀后，用塑料布盖好，堆闷 _____ 即可
6. 种子包衣	意义：健康种子（发芽率高、破籽率低、颗粒饱满）包衣后对发芽率影响比较小，所以在种子包衣前一定要进行人工选粒。 建议：选用机械包衣，包衣均匀，对种子损失少

任务 3.2　测定棉花种子发芽率

发芽试验是确定发芽率和计算播种量的重要依据。山东 ×× 种子有限公司委托学校作物生产技术专业实验室测定一宗国外引进某棉花品种的发芽率。按照二维码 8.1 提供的资料在实验室完成棉花种子发芽试验并完成表 8.6。

二维码 8.1　近红外光谱法测定棉花种子发芽率

表 8.6　棉花发芽率测定报告单

实验材料	山东 × × 种子有限公司委托测发芽率的进口棉花品种：_____
仪器耗材	培养皿、镊子、滤纸、恒温箱等
实验步骤	
结果	该品种棉花种子发芽率为 _____，（能 / 不能，二选一）做种用

任务 3.3　生化（四唑）测定棉花种子生活力

扫描二维码 8.2，学习棉花种子生活力测定方法，如实记录实验过程，并对种子生活力进行评估，完成表 8.7。

二维码 8.2　生化（四唑）测定棉花种子生活力

表 8.7 棉花种子生活力测定记录表

实训日期	实训人员	种子批次	种子总数	种子处理状态	四唑溶液浓度（% w/v）	染色温度（℃）	染色时间（h）	清洗方法	观察设备	生活力评估结果	备注

此记录表应根据实际实训情况进行填写和调整，以确保记录的准确性和完整性。

任务反思

目前市场上的种衣剂比较多，可以根据当地病虫害以及种子品种合理选择种衣剂，它的主要作用是防治棉花烂种、烂芽及苗期病害，能够显著提高棉花田间出苗率。虽然种子包衣能起到防治病虫害、提高出苗率的作用，但是要注意种子包衣时间。试验证明，种子包衣后有降低发芽率的趋势，贮藏当天包过衣的种子发芽率较光籽发芽率明显降低，但健康种子的包衣处理影响幅度很小，只有 1% 左右。请利用课余时间，探究棉花种子包衣技术成功应用的前提条件。

任务拓展

转基因棉花

转基因棉花作为一种现代农业技术的产物，现在已经被越来越多的人种植。

自 20 世纪 90 年代以来，由于棉铃虫在我国大部分棉区持续性大发生或爆发，给棉花生产带来了巨大的威胁，棉农谈"虫"色变，仅 1992 年一年即造成直接经济损失 60 多亿元，间接损失超过 100 亿元，对整个国民经济发展造成了很大影响。同时由于棉铃虫的大爆发，防虫治虫使棉花的生产成本增加，植棉的比较效益降低。

我国"抗虫棉"研究在"七五"期间开始进行，"八五"期间，在"863"计划资助下，人工合成的 CryIA（b）和 CryIA（c）杀虫基因导入我国棉花主栽品种并获得成功，成为继美国之后，第二个拥有自主研制抗虫棉的国家。"九五"开始，"抗虫棉"的研究又被国家"863"计划立为重大项目，进一步开展单价基因、双价基因及多价基因抗虫棉的研究，同时还将根据现有单价抗虫棉可能存在的棉铃虫产生抗性的问题，在生产中使用的持久性问题，环境释放的安全性问题，遗传分离与稳定性问题等作深入的研究。总之，培育持久性双价抗虫棉或既抗鳞翅目又抗同翅目害虫的多价抗虫棉，使之产业化，应用于棉花生产，以解决棉花害虫给棉花生产带来的巨大损失，减少化学农药的使用量，保护环境和生态平衡。

经过农业转基因生物安全委员会评审，农业农村部 1997 年首次批准了转基因抗虫棉花商业化种植。棉花生产取得的发展和效益：

1. 在全国范围内有效控制了棉铃虫和红铃虫的危害。

2. 为天敌和益虫提供了良好的环境条件，农田生物多样性更加丰富。

3. 发展了配套的害虫综合治理技术。

4. 推广转基因抗虫棉，每亩可增收节支 100 多元。

当然，转基因作物也存在后遗症。请利用课余时间搜集更多的转基因棉花的相关资料，谈谈不同棉区大面积种植抗虫棉后对农田生态和自然环境的影响。

项目评价

班级		姓名		日期		
评价 指标	评价要素			自评	互评	师评
信息 获取	能否有效利用网络、工作手册、智慧平台、专业书籍等资源查找 有效信息					
任务 实施 情况	能否熟练描述棉花良种的特征、特性					
	是否掌握快速测定种子生活力的红墨水法					
	是否能在实验室测定棉花种子发芽率					
	能否进行棉花整地、施基肥、覆盖薄膜等					
	能否会处理棉花种子					
参与 状态	是否按时出勤					
	是否积极参与任务实施					
	是否能与老师、同学保持多向、丰富、适宜的信息交流					
	是否积极思考问题，能提出有价值的问题或发表个人见解					
	是否服从老师的管理					
经验 收获						
反思 建议						

项目二 播种

学习任务

1. 确定棉花的适宜播种时间。
2. 会计算棉花的播种量。
3. 掌握棉花播种的技术要点。
4. 掌握提高棉花播种质量的技术。

学习准备

课前自主学习本项目的活页资料，完成学习准备检测。

一、棉花播种保苗

棉花播种保苗是确保高产的第一个环节。棉花播种分 _____、_____ 和 _____ 三种方式。播种保苗环节的主攻方向是实现"五苗"，即"_____、_____、_____、_____、_____"。

二、棉花适期播种的意义

利用学习准备资料等分析棉花播种时间早晚对棉花生产的影响，完成表8.8。

表 8.8 棉花播种时间早晚对棉花生产的影响

播种时间	播种时间过早	播种时间过晚	适期播种
结果表现			

三、不同的土壤耕作与棉花生产

小组合作探究，分析机械化耕作与传统耕作对棉花生产的影响，完成表8.9。

表 8.9 机械化耕作与传统耕作对棉花生产的影响

影响因素	机械化耕作	传统耕作
作业效率		
土地利用率		
规模		
产量		

影响因素	机械化耕作	传统耕作
劳动强度		
成本		
土壤管理		
作物管理		
极端天气和病虫害应对		
经济效益		

任务实施

任务 1　确定适宜播种期

结合学习准备资料，合作探究完成棉花播种适宜时间的表格，并学以致用，指导当地农民朋友进行棉花的科学播种，完成表 8.10。

表 8.10　确定棉花的适宜播种时间

地区	适宜播种期的确定
北部特早熟棉区	辽宁及山西晋中一带 5 cm 地温稳定在 14℃的时期，为_____，这时一熟露地棉即可播种；地膜棉播可适当_____
西北内陆棉区	新疆全区 90% 以上采用地膜覆盖，南疆适宜播期为_____前后，北疆播种期以_____为宜；吐鲁番市地膜棉的播种期为 4 月上旬
黄河流域棉区	一熟露地棉和两熟麦套春棉的适宜播期均为_____；滨海盐碱地一熟露地棉播期为_____；一熟地膜棉和麦套地膜棉的适宜播期为_____；晋南、陕西关中地区地膜棉播期为_____；河北黑龙港旱地露地棉的适宜播期为_____

任务 2　计算播种量

某农场计划在一块面积为 10 亩的土地上种植棉花，选择了一个棉花品种。该品种推荐的种植密度为每平方米 3 株，其千粒重为 102 g，种子的发芽率为 94%，田间出苗率是 95%。请合作探究，帮助该农场计算出其棉花播种量，确保农资准备无误，完成表 8.11。

表 8.11　计算棉花的播种量

种植密度 3 株 /m²	计算过程
每穴播种粒数 3 粒 / 穴	
种子千粒重为 102 g/ 千粒	
发芽率为 94%	
田间出苗率为 95%	
计算公式	播种量 /kg = $\dfrac{667 \times 3\ \text{株} /\text{m}^2 \times \text{每穴播种粒数} \times \text{千粒重} /\text{g}}{\text{田间出苗率（\%）} \times \text{发芽率（\%）} \times 1000 \times 1000} \times 10$
棉花播种量	_____kg

任务 3　播种

提高播种质量是保证棉花苗全、苗匀、苗壮，实现棉花丰产的基础。参与基地生产实践或虚拟仿真实训，结合学习平台的资料，合作探究完成表 8.12。

表 8.12　棉花播种技术

技术要点	具体要求
1. 合理密植	合理密植的幅度： 北方棉区，一般株高 100~120 cm 时，每亩 3 000~3 500 株； 株高 80~100 cm 时，每亩 3500~4000 株； 株高 70~80 cm 时，每亩 4000~5000 株； 目前生产上推广的杂交棉密度为每亩 _____ 株左右
2. 计算播种量	
3. 确定播种方式	棉花的播种方法：_____、_____、_____、_____、 _____、_____ 等
4. 确定播种深度	掌握"深不过寸，浅不露子"，深度以不低于 _____ cm 为宜。北方棉区一般播种略深，沙壤土以 _____ cm 为宜，黏土以 _____ cm 为宜
5. 施种肥	常用种肥： 种肥用量：
6. 均匀播种	利用先进播种机均匀播种，利于出苗均匀

任务反思

棉花播种后常会出现缺苗、多苗的情况，针对这些情况，查阅书籍、网络等资料，探究棉花播种后的保苗技术，并与其他同学分享到班级群。

任务拓展

扫描二维码 8.3 了解棉花营养钵育苗技术，课后通过所学内容进行操作，完成表8.13。

二维码 8.3　棉花营养钵育苗技术

表 8.13　棉花育苗移栽记录单

序号	育苗阶段	日期	棉花品种	育苗数量（钵）	育苗基质配方	操作人员	操作描述	观察记录	备注
1	准备								
2	播种								
3	出苗								
4	移栽准备								
5	移栽								
6	管理								

说明：

1. 序号：为了方便跟踪和管理，每一项操作都应标记一个序号。

2. 育苗阶段：记录育苗过程的各个阶段，如准备、播种、出苗、移栽准备、移栽和管理等。

3. 日期：记录操作的具体日期。

4. 棉花品种：记录所使用的棉花种子的品种名称。

5. 育苗数量（钵）：记录育苗的数量，以钵为单位。

6. 育苗基质配方：记录用于育苗的基质的具体配方。

7. 操作人员：记录执行操作的人员姓名。

8. 操作描述：详细描述所进行的操作，如准备营养钵、播种、浇水、施肥等。

9. 观察记录：记录操作过程中的观察结果。

备注：记录在操作过程中需要注意的事项、遇到的问题及解决方案等。

项目评价

班级			姓名		日期		
评价 指标	评价要素				自评	互评	师评
信息 获取	能否有效利用网络、工作手册、智慧平台、专业书籍等资源查找 有效信息						
任务 实施 情况	是否掌握了棉花适宜播种时间的确定方法						
	是否会计算棉花的播种量						
	是否能够根据具体条件选择合适的播种方法						
	是否掌握了棉花育苗和移栽技术						
参与 状态	是否按时出勤						
	是否积极参与任务实施						
	是否能与老师、同学保持多向、丰富、适宜的信息交流						
	是否积极思考问题，能提出有价值的问题或发表个人见解						
	是否服从老师的管理						
经验 收获							
反思 建议							

项目三　田间管理

学习任务

1.了解棉花各时期的生育特点。

2.理解棉花各时期田间管理的主攻目标。

3.掌握棉花的田间管理技术。

4.会确定棉花的适宜收获期。

学习准备

课前自主学习本项目的活页资料，完成学习准备检测。

一、棉花的一生

从播种开始，经过 ＿＿＿＿＿＿＿＿、＿＿＿＿＿＿＿＿、＿＿＿＿＿＿＿＿、＿＿＿＿＿＿＿ 和 ＿＿＿＿＿＿＿＿，直至种子成熟。一般从播种期到收获期所经历的天数称为全生育期，从出苗期到吐絮期经历的天数称为生育时期。

请依据学习资料，小组合作探究完成表 8.14。

表 8.14　棉花的生育时期及生育特点

生育时期	时期划分标准	生育特点	营养需求
出苗期			
苗期			
蕾期			
花铃期			
吐絮期			

二、棉种萌发出苗

棉种萌发出苗需要一定的外界环境条件，主要是适宜的 ＿＿＿＿＿＿、＿＿＿＿＿＿、＿＿＿＿＿＿、＿＿＿＿＿＿ 等，其中决定因素是 ＿＿＿＿＿＿。结合学习准备资料完成表 8.15。

表 8.15 影响棉花生长发育的因素

影响因素	不良影响	控制措施
温度		
光照		
养分		
土壤		
水分		

三、棉花产量构成因素

棉花产量有籽棉产量和皮棉产量之分，一般以皮棉产量来表示。皮棉产量主要由_____、_____ 和 _____ 三因素构成。在三因素中，衣分主要受遗传特性的影响，变化最小，而总铃数、铃重都易受生长条件的影响。

四、棉花的整枝技术

1. 去叶枝：
_____

2. 抹赘芽：
_____

3. 打边心：
_____

4. 打顶心：
_____

5. 打老叶及剪空枝、空梢：
_____

6. 摘除无效花蕾：
_____

五、棉花蕾铃脱落

棉花蕾铃脱落是棉花生产上普遍存在的一个问题，蕾铃脱落率一般在 60%~ 70%，严重的达 80%。

1. 棉花蕾铃脱落的原因：_____、_____、机械损伤。

2. 防止棉花蕾铃脱落的途径：创建合理的群体结构、_____、_____、选用良种、使用植物生长调节剂、加强病虫害防治等。

任务实施

棉花的一生可分为前期、中期、后期 3 个生育阶段。

任务1 实施前期田间管理

该阶段以营养生长为主。棉花前期的主攻目标是在齐苗、匀苗、壮苗的基础上，控制旺苗，防止弱苗。

请根据此阶段棉花的生长发育特点及田间管理主攻目标，有针对性地参与生产实践或虚拟仿真实训，制订前期田间管理技术方案，完成表8.16。

表8.16 棉花前期田间管理技术

技术要点	具体要求			
1.查苗补苗	在棉苗出土 _____ 时应进行查苗，发现缺苗应及时补种； 为确保棉苗生长一致，对缺苗多、发现早的田块，可采用 _____ 或 _____ 的办法			
2.中耕松土	分 _____ 次进行。一次是棉花 _____ 时进行浅中耕松土，以破除板结、提高地温；二是棉花 _____ 后，要进行深中耕松土，深度10~12 cm，促使根系深扎，扩大营养吸收范围，为棉花壮苗奠定基础			
3.间苗定苗	（1）播种量较大，密度高，容易形成高脚苗，晚结桃。因此，棉苗出齐后，要尽早进行间苗。间苗标准，以叶片 _____ 为好。_____ 可定苗。 （2）在阴雨低温、棉苗细弱和有病虫危害的条件下，可适当 _____ 定苗			
4.轻施苗肥	棉花苗期需肥不多，在施足底肥的基础上，轻施苗肥即可满足苗期生长的需要，一般每亩施纯氮 _____ 左右；在土壤肥沃和棉苗生长正常情况下，可以不施此肥；在土地瘠薄和苗弱条件下，可适当多施，以穴施或条施效果较好			
5.遇旱浇水	苗期需水 _____ ，在足墒下种的情况下，苗期一般不需浇水；如果在现蕾前后天气干旱，可结合追肥进行浇水，促苗发棵。但浇水量不宜过大，宜轻浇，或隔沟浇，注意浇后及时中耕保墒			
6.防治病虫	主要虫害		主要病害	
	地下害虫	棉蚜	立枯病 | 炭疽病 | 红腐病	
	防治技术 器具： 步骤：		防治技术 器具： 步骤：	

任务2 实施中期田间管理

棉花的中期阶段包括蕾期和花铃期两个生育时期，营养生长与生殖生长并进，以营养生长占优势。

1.实施蕾期管理。

棉花蕾期的主攻目标是稳长增蕾，达到壮而不旺，生长稳健，力求蕾多脱落少，搭好丰产架子。

请根据此阶段蕾期的生长发育特点及主攻目标，有针对性地参与生产实践或虚拟仿真实训，制订蕾期田间管理技术方案，完成表 8.17。

表 8.17　棉花蕾期田间管理技术

技术要点	具体要求
1. 稳施蕾肥	对底肥充足、肥力较高、生长正常的棉田，要 _____，使棉株稳健生长；若土壤肥力低，底肥不足，苗期追肥少，棉苗生长弱，则应 _____ _____，促苗发棵，搭起丰产架子
2. 巧浇蕾水	蕾期需水量占全生育期的 _____，北方棉区正是干旱季节，及时浇水对发棵增蕾、搭好丰产架子极为重要；蕾期浇水量宜 _____，最好采用隔行沟灌或灌跑马水，浇后及时中耕保墒
3. 早去叶枝	叶枝又称 _____ 或"油条"，是棉花营养的消耗器官，应及早去掉叶枝，以调节棉株养料分配，控制营养生长，有利于发棵和增蕾； 棉花去叶枝的时间，应在第一果枝与叶枝可以区别时，将第一果枝以下的叶枝全部去掉，保留主茎叶
4. 化学调控	在盛蕾期，当棉株有旺长趋势时，可喷施 _____ 控制生长，促进发育，增加蕾数。方法是每亩用缩节胺可溶性粉剂 2 g，兑水 40 kg，均匀喷洒棉株
5. 中耕松土	一般蕾期中耕 _____ 次，应在棉田浇水或雨后及时进行。如有杂草必须中耕，经常保持土松草净。蕾期棉田行间中耕以 _____cm 的深度为宜；中耕时为防止侧根损伤过重，可采用在棉行一侧深中耕，深度为 16 cm 左右，如仍有旺长现象，再在棉行另侧进行深中耕；棉花现蕾后，应结合中耕进行分次培土，在雨季到来前培土结束，既利于防风抗倒，又利于棉田排灌

	主要虫害	主要病害	
	红蜘蛛	枯萎病	黄萎病
6. 防治病虫害	防治技术：	防治技术：	

2. 实施花铃期管理。

棉花花铃期的主攻目标是增蕾保铃，控制旺长，防止早衰，减少脱落，实现早坐桃，多结桃，结大桃，不贪青晚熟。

请依据学习资料，针对棉花花铃期的主攻方向，参与棉花花铃期生产实践或虚拟仿真实训，制订花铃期的田间管理技术方案，完成表 8.18。

表 8.18　棉花花铃期管理技术

技术要点	具体要求
1. 重施花铃肥	对一般棉田，可在初花期重施花铃肥，每亩施纯氮肥 3 kg。而高产棉田，应适当推迟到棉株结有 1~2 个成铃时，每亩施纯氮肥 4 kg，既可增蕾保桃不旺长，又能防止早衰多结早秋桃； 花铃期也可用 _____，如喷 1% 尿素或 1%～3% 过磷酸钙溶液，或 0.5% 磷酸二氢钾加 1% 尿素溶液混合喷施，对增蕾保铃都有良好的效果。 施肥步骤：
2. 合理灌溉与排水	花铃期若干旱，轻则造成 _____，重则造成 _____，因此，及时灌水对提高产量十分重要；花铃期正是黄河流域降雨集中时期，要注意排水防涝，严防棉田积水
3. 适时打顶	棉花的主茎生长点具有顶端优势，适时打顶可消除顶端生长优势，使大量的养料运向生殖器官，有利于增蕾保铃。 打顶效果关键在于 _____。 打顶的适宜时期，应根据 _____ 和 _____ 确定。在棉花正常生长情况下，从现蕾到吐絮共需 70～80 d，后期因温度逐渐降低，所需天数亦随之延长，因此，各地必须在当地早霜到来之前 _____d 打顶
4. 化学调控	为了控制棉花旺长，促使正常发育，减少蕾铃脱落，增蕾保铃，花铃期要喷施 _____；一般棉花有旺长趋势时，可用缩节胺可溶性粉剂每亩 3~4 g，加水 50 kg 喷施。但要注意在打顶前后 5 d 内不宜喷施，以免影响顶部果枝的伸长而造成减产
5. 中耕松土	花铃期应搞好棉田封垄前的中耕培土，特别是在雨后，中耕破除板结，疏松土壤，调节水、肥、气、温状况，为根系创造一个良好的环境条件，促使棉株正常发育。花铃期中耕不宜过深，以免伤根，中耕深度以不超过 _____cm 为宜。若棉株生长过旺，可适当加深，抑制旺长
6. 防治病虫害	<table><tr><td colspan="3">主要虫害</td><td colspan="2">主要病害</td></tr><tr><td>红蜘蛛</td><td>棉铃虫</td><td>造桥虫</td><td>黄萎病</td><td>枯萎病</td></tr><tr><td colspan="3">红蜘蛛的防治技术： 棉铃虫的防治技术：</td><td colspan="2">棉花枯黄萎病的防治技术：</td></tr></table>

任务 3　实施后期田间管理

棉花的后期阶段主要是吐絮期。该阶段是棉花营养生长趋于停止，生殖生长减弱，代谢活动减弱的阶段。棉花吐絮期的主攻目标是增加铃重，提高品质，多坐秋桃，防止早衰。

请根据此阶段棉花的生长发育特点及主攻目标，有针对性地参与生产实践或虚拟仿真实训，制订后期田间管理技术方案并完成表 8.19。

表 8.19　棉花后期管理技术

技术要点	具体要求
1. 灌溉吐絮水	棉花后期需水较少，其耗水量仅占全生育期的 10%~20%，这时保证水分供应，对多坐秋桃、增加铃重和提高纤维品质非常重要。所以，当土壤含水量低于田间持水量的 55% 时，应 _____。但灌水量应小，以免田间湿度过大，增加烂铃
2. 整枝	对肥水充足的棉田，棉株生长旺盛，枝叶茂密，郁闭严重，_____，以改善棉田通风透光条件，减少养分消耗，多坐秋桃，增加铃重，促进早熟，减少烂铃。整枝技术：
3. 喷施催熟剂	生产上对晚熟棉田，多采用喷施 _____ 催熟，促进棉铃提前集中吐絮，使霜前花增加 20% 以上，增产 10% 左右，对纤维品质没有明显影响；喷施时期以枯霜前 20 d 左右为宜，要求喷后几天内，温度高于 20℃，利于药剂分解，提高施药效果。用药剂量为每亩 40% 乙烯利 125~200 g，稀释 300 倍

4. 防治害虫	主要虫害		主要病害
	造桥虫	红铃虫	铃病
	防治措施：		防治措施：

5. 实施采收	（1）采收前的准备工作：采收前需要进行 _____，包括清除杂草、残膜、残秆等，以保证棉花机采质量和品质。 （2）采收时间：棉铃裂开后 _____ 天及时采摘，以确保棉花的品质。 （3）采收技术要求：采收时要做到"五分"（不同品质不同用途的籽棉 _____、_____、_____、_____、_____）和"四快"（已成熟的籽棉 _____、_____、_____、_____），防止"三丝"（_____、_____、_____）混入

任务反思

在棉花生产中，化学控制技术主要使用农药和植物生长调节剂来管理病虫害和控制棉花的生长。在具体生产中，如何有效平衡化学药剂的施用与生态环境的保护？请给出合理化建议。

任务拓展

无人机搭载多光谱传感器实现棉花的精准施药和防治病虫害

某棉花种植地区采用无人机搭载多光谱传感器进行病虫害监测,通过数据分析识别病虫害发生区域,实现了精准施药。同时,利用土壤养分传感器和智能灌溉系统,根据土壤湿度和养分状况自动调整灌溉量和施肥量,有效提高了水资源和肥料的利用效率。通过这些技术的应用,该地区棉花产量提高 15%,同时减少了 20% 的化肥和农药使用量,取得了显著的经济和环境效益。

棉花精准田间管理技术是否可以完全取代传统的棉花种植管理?请谈谈自己的看法。

项目评价

班级		姓名		日期		
评价指标	评价要素			自评	互评	师评
信息获取	能否有效利用网络、工作手册、智慧平台、专业书籍等资源查找有效信息					
任务实施情况	能否理解棉花各个发育时期的特点					
	是否能制订棉花田间管理技术方案					
	是否能正确识别常见的棉花病虫害					
	能否通过化学调控的方式控制棉花的生长发育					
	是否会确定棉花的收获期					
参与状态	是否按时出勤					
	是否积极参与任务实施					
	是否能与老师、同学保持多向、丰富、适宜的信息交流					
	是否积极思考问题,能提出有价值的问题或发表个人见解					
	是否服从老师的管理					
经验收获						
反思建议						

模块拓展

彩棉的生产：纺织业的绿色革命

天然彩色棉是采用现代生物工程技术培育出来的一种在棉花吐絮时纤维就具有天然色彩的新型纺织原料。在全球化和环境意识日益增强的背景下，纺织业正面临着转型升级的挑战。彩棉，作为一种具有天然色彩的棉花，不仅为纺织产品提供了新的色彩选择，更为实现可持续生产和环保目标提供了可能。

一、彩棉的概念与发展

彩棉并非新出现的概念，其历史可追溯至数千年前。苏联最早于50年代初开始研究彩棉，美国从60年代加入彩棉的大军中来，世界上主要有美国、埃及、阿根廷、印度等国研究种植彩棉，主要颜色为棕、绿、红、鸭蛋青、蓝、黑，主要的研究手段还是从自然界中寻找上古繁衍的彩棉活体，作为亲本进行驯化、改良。同时运用转基因技术、航天育种技术等高科技手段进行新品种的开发。我国具有悠久的棉花种植历史，在抗战期间，陕北革命根据地，为了打破日寇和国民党反动派的封锁，曾种植过一种颜色发紫蓝的野生棉。进入70年代，河南、安徽等地也种植过很少的一部分彩棉用于研究。彩棉在我国的正式大规模研究种植还是在90年代，特别是90年代中后期，将彩棉的种植与应用推到了世界领先的地位。人类的历史又翻过了一页，彩棉的未来必将无限光芒！

现代彩棉的生产始于20世纪。随着生物技术的发展，科学家们通过传统育种和基因工程技术，成功培育出多种颜色的棉花品种。这些品种的棉花在成熟时纤维自然呈现出棕色、绿色、红色等颜色，无需化学染料即可直接用于纺织品生产。

二、彩棉的生产技术

彩棉的生产技术涵盖了从育种到收获的全过程。

1. 育种技术。

育种是彩棉生产的起点。科学家们通过杂交和基因工程，将控制色素合成的基因引入棉花基因组中，培育出能够产生特定颜色纤维的棉花品种。这些品种不仅颜色多样，而且遗传稳定，能够保证彩棉的持续生产。

2. 生态农业实践。

彩棉的种植强调生态农业的原则，采用有机耕作方法，减少或避免化学肥料和农药的使用。这不仅有助于保护生态环境，还能确保棉花纤维的天然纯净，避免化学残留对人体健康的潜在风险。

3. 标准化种植。

彩棉的种植需要遵循一系列标准化流程，包括播种时间、密度、灌溉、病虫害管理等。这些标准化措施有助于确保棉花的质量和颜色的一致性，同时也提高了种植效率。

4. 收获与加工。

彩棉的收获通常在秋季进行，此时棉花纤维已经完全成熟并呈现出天然颜色。收获后的棉花需要经过清洗、晾干、分拣和打包等步骤，以去除杂质并保持纤维的天然色彩。

三、彩棉的环保优势

彩棉的生产过程体现了环保纺织的理念。首先，彩棉在种植过程中减少了化学肥料和农药的使用，这不仅减少了对环境的污染，还有助于保护土壤和水资源。其次，由于彩棉无需化学染色，这一过程节省了大量的水资源，并减少了化学染料的使用，从而降低了对环境的影响。此外，彩棉产品在生产过程中产生的废弃物较少，且易于生物降解，进一步减少了对环境的负担。

四、彩棉的应用与市场前景

彩棉因其环保特性而受到越来越多消费者的青睐。彩棉产品不仅包括服装，还涵盖了家纺、婴儿用品等多个领域。彩棉的天然色彩和柔软质地使其成为制作贴身衣物和床上用品的理想材料。随着消费者对可持续和环保产品的需求增加，彩棉及其产品有望在未来的纺织市场中占据更重要的地位。彩棉的推广不仅有助于提升纺织产品的附加值，还能推动整个纺织业向更加绿色、健康的方向发展。

彩棉的生产技术为纺织工业提供了一种环保、可持续的生产方式。通过推广彩棉的生产和应用，我们可以朝着更加绿色、健康的生活环境迈进。未来，随着科技的进步和消费者意识的提高，彩棉有望成为纺织业的绿色革命的先锋，引领纺织业走向一个更加可持续的未来。

彩棉在纺织加工过程中减少印染工序无需染色加工，因而没有机会接触有害致癌物，彩棉制品有利于人体健康。调研彩棉生产现状，分析目前彩棉业发展的主要问题是什么？

彩棉是现代育种技术培育的新型棉花，它符合环保、绿色认证要求，属高科技产品，整个国际市场的产量很小，加工的成本较高。随着人们生活水平的提高，穿着舒适、环保、健康的天然植物纤维——彩棉越来越受到人们的青睐，彩棉消费与日俱增。市纤检所昨日针对近期的投诉咨询发出警示，目前市场上存在以混纺彩棉、染色彩棉等假冒天然彩棉的现象，建议消费者购买彩棉制品时要仔细鉴别。请利用课余时间学习鉴别彩棉真假的方法并学以致用。

模块九

谷子生产技术

学习内容提要

- ■播前准备：选用良种；科学整地；施好底肥。
- ■播种：适时播种；播种方法；播种量和播种深度；种肥施用；合理密植。
- ■实施田间管理：苗期管理；拔节孕穗期管理；抽穗成熟期管理；适时收获等。

学习目标

- ■素质目标：通过学习，逐步养成吃苦耐劳的职业精神、科学严谨的学习态度、精益求精的工匠精神、助农爱农兴农的"三农"情怀；具备国家粮食安全战略意识。
- ■知识目标：了解谷子的产量与形成；掌握谷子的播种技术；掌握谷子田间管理技术。
- ■技能目标：掌握谷子的播种技术；掌握谷子的田间管理技术。

重难点

- ■重点：谷子的播种技术、田间管理技术。
- ■难点：整地与施肥、苗期管理、拔节孕穗期管理、抽穗成熟期管理。

项目一　播前准备

学习任务

1. 了解影响谷子产量的因素及关键时期。

2. 了解常见谷子品种的特点，并会依据生产环境选择适宜的品种。

3. 了解谷子的轮作倒茬。

4. 掌握谷子的整地技术。

5. 掌握谷子底肥的施用技术。

学习准备

课前自主学习本项目的活页资料，完成学习准备检测。

一、了解谷子的生产意义

谷子是主要的杂粮作物之一，具有营养价值高、易消化，粮草兼备，耐贮藏、耐旱耐瘠和抗逆性强等特点。请查询资料，列出谷子的主要价值。

1. 营养成分：_____

2. 食用价值：_____

3. 药用价值：_____

二、了解谷子的种植区域

我国谷子的种植区域主要分布在淮河以北各省区，面积占全国谷子种植面积的90%以上。其中华北最多，东北次之，当前播种面积最多的省、自治区为河北、山西、内蒙古自治区，陕西、辽宁、黑龙江次之，河南、山东亦有种植。请列出我国大豆三大产区。

1. _____

2. _____

3. _____

三、轮作倒茬

谷子宜轮作，忌_____，群众中有"重茬谷，守着哭"和"谷要好，茬要倒"的说法，都说明了谷子_____的重要性。

谷子前茬农作物以_____、_____最好，玉米、高粱、棉花、小麦、马铃薯等农作物也是较好的茬口。

任务实施

任务1 选用良种

由于谷子生产的区域不同，品种选择的原则也不尽相同。黄土高原夏谷区和黄淮海夏谷区，以早熟和早中熟品种为主，少数为晚熟品种，生育期为80~90天。西北谷子产区品种，具有较强的抗旱耐瘠性，东北谷子产区则应具有一定的耐低温、耐湿、耐涝性。

通过智慧平台、网络、专业书籍等资料、渠道，整理出五个谷子良种的特征特性和适宜种植区域（榆谷4号经整理好），完成表9.1。

表9.1 谷子良种的特征特性和种植区域

品种名称	农艺性状	抗病性鉴定	品质检测	产量表现 种植区域
榆谷4号	幼苗叶片、叶鞘均为绿色，主茎叶片数为20，株高110~135 cm，穗松散，棍棒型，刚毛短，穗长20 cm左右，穗粗约3.5 cm	抗谷子白发病、黑穗病，轻感红叶病，在山地种植未发现谷瘟病	籽粒含粗蛋白8.05%、粗脂肪3.45%、淀粉67.68%、赖氨酸0.32%	山旱地亩产量180~230 kg左右，最高可达318 kg，川水地一般每亩产量300~350 kg，最高412 kg；单株粒重为18 g，最高可达30 g，千粒重3.6 g。生育期107~115 d。适宜于榆林地区丘陵沟壑区的中、北部和北部水、旱地种植

西北地区的谷子良种主要具备抗旱、耐瘠等性状；东北谷子良种则应具有耐低温、耐湿、耐涝等性状。指导农民朋友参考上述品种，同时也可以根据实际情况选择其他品种。指导农民朋友咨询当地农业技术推广部门或参加相关的职业农民培训，以获取更多的种植指导和技术支持。

任务 2　科学整地

任务 2.1　合理轮作倒茬

谷子宜轮作，忌连作，群众中有"重茬谷，守着哭"和"谷要好，茬要倒"的说法，都说明谷子轮作倒茬的重要性。利用学习资料、专业书籍、网络等，合作探究哪些前茬农作物是谷子较好的茬口，在班级群内分享交流。

任务 2.2　整地技术

我国谷子产区多系北方旱作农业区，"十年九旱"，尤其是春季风多雨少，土壤干旱，并且谷子种子小，芽鞘短，顶土能力弱。因此，一切耕作措施都应突出"保墒"，深耕细整，地平土碎，保证全苗。

扫描二维码 9.1，查找相关资料，小组合作探究制订出谷子不同前茬的整地方案，完成表 9.2。

二维码 9.1　谷子不同前茬的整地技术

表 9.2　谷子不同前茬的整地方案

季节	整地方案
秋季	
春季	

任务 2.3　施足基肥

在旱作农业条件下，追肥受降雨条件制约，常常难以实行。因此施足底肥对于谷子高产尤为重要。提倡以农家肥和有机肥为主，底肥重施，尽量少追肥。没有农家肥和有机肥时可施用复合型化肥。

借用上述资料和网络等其他途径，小组合作探究谷子施基肥的技术方案，完成表9.3。

表 9.3 谷子施基肥技术

土地类型	基肥及施肥量	施肥	施基肥案例参考	施基肥步骤
山坡地	水平沟种植，产量指标每亩 150~200 kg，一般每亩地施优质圈肥 750~1000 kg，碳酸氢铵 10~15 kg，过磷酸钙 10~15 kg	施肥量大时，一般结合耕翻普施；施肥量小时，可结合播种开沟后施肥，再将肥土混合，然后机播。 步骤：	近年来，陕西春谷区普遍推行了"三肥垫底，一次深施"的施肥方法，即将农家肥与速效氮、磷化肥配合，按产量要求于播前将底肥、种肥、追肥一次深施，对于提高谷子产量发挥了显著作用	1. 分析产量指标、地力及肥料种类等情况。 2. 3. 4.
川塬地	谷子产量每亩地 300~400 kg 时，一般每亩地施优质有机肥 3000~4000 kg，碳酸氢铵 25~30 kg			

任务反思

1. 小米是谷子脱壳后的产物，而谷子则是从狗尾巴草经过人工培育而来的。经过一代又一代的杂交育种和栽培改良，籽粒又少又小的狗尾巴草脱胎换骨"进化"成如今的谷子。利用课余时间搜集 2 份谷子新品种的培育资料，将培育过程、培育效果等方面的知识整理出来在班级群内分享，分享自己的感受。

2. 2023 年是国际小米年。联合国粮食及农业组织认为小米理应获得重视，并在人们的膳食结构中拥有一席之地，因为小米可以在恶劣的气候条件下生长，促进解决粮食短缺问题；有助于健康膳食；具有气候韧性等等。查询资料，整理出小米的优点并分享。

任务拓展

谷子选种

谷子选种可以围绕分蘖能力强成穗率高，耐肥抗倒伏，着粒密、结实率高这三个方面来进行。扫描二维码 9.2，了解更多谷子良种选择的标准。

二维码 9.2 谷子良种选择的标准

项目评价

班级		姓名		日期		
评价指标	评价要素			自评	互评	师评
信息获取	能否有效利用网络、工作手册、智慧平台、专业书籍等资源查找有效信息					
任务实施情况	能否熟练介绍谷子良种的特征					
	能否理解谷子轮作倒茬的原因					
	能否掌握谷子的整地技术					
	能否掌握谷子的底肥施用技术					
	能否会综合各种技术，做好谷子播前准备工作。					
参与状态	是否按时出勤					
	是否积极参与任务实施					
	是否能与老师、同学保持多向、丰富、适宜的信息交流					
	是否积极思考问题，能提出有价值的问题或发表个人见解					
	是否服从老师的管理					
经验收获						
反思建议						

项目二　播种

学习任务

1. 理解谷子适期播种的原因。
2. 掌握谷子的播种方法。
3. 掌握谷子的播种量和播种深度。
4. 掌握谷子种肥的施用技术。

学习准备

课前自主学习本项目的活页资料，完成学习准备检测。

一、谷子主产区的适宜播种期

谷子主产区的适宜播种期，华北、西北大部分地区为，东北地区为 _____。黑龙江省地处高寒地区，生育期短，应尽量于 _____ 播种。在春季干旱严重，保墒困难或者预报雨季提前时，也应根据情况，可采取 _____ 的措施。

二、谷子播种量的计算

谷子播种量的计算公式：

某品种谷子的千粒重为 2~4 g，以 3 g 计算，出苗率按 75% 计算，1 kg 谷子可出苗 _____ 株。

按保苗率 50% 计算，春谷每亩计划留苗 2 万 ~3 万株，播种量为 _____ ；夏谷每亩计划留苗 4 万 ~6 万株，播种量为 _____。

三、谷子的播种方法

谷子的播种方法有沟垄种植法、水平沟种植法、抗旱播种法、深沟浅播法、早种"顶凌谷"或"冬闷谷"法、干种寄子法、冲沟等雨法。

其中，_____ 是指土壤返浆之后，墒情好，及时播种容易出苗，或于秋冬播种，利用春季返浆水使谷子吸水发芽，便于出苗。

任务实施

任务1 确定适宜播种时间

目前，我国北方谷子产区的大部分地区，春谷播种过早。农谚中有"早谷（指春分）晚麦，十年九坏"的说法，强调了春谷播种不宜过早。

我国谷子生产以旱作为主，旱地谷子播种期，需根据其生长规律、当地自然气候条件和两者关系确定，让谷子需水特点同当地降水规律相协调。夏播谷子生育期较短，要力争早播，一般在前作收获后，立即整地播种，争取较多生长季节，增加产量。

利用学习准备资料等小组合作探究谷子的适宜播种时间的确定方法，完成表9.4。

表9.4 谷子适宜播种时间的确定

谷子适期播种意义	播种季节	适宜播种时间的确定方法
	春季	春播谷子以 5~10cm 地温上升到 _____℃时作为适宜播期。
	夏季	

任务2 计算播种量

某农场计划播种谷子 50 hm²，要求亩基本苗数 5 万株，购买的某谷子种子千粒重为 5 g，发芽率98%，田间出苗率85%，请计算每亩谷子的播种量。各小组合作利用表9.5中的公式帮助该农场计算播种量，整理出播种量计算过程，完成表9.5。

表9.5 计算谷子播种量

	谷子播种量的计算过程
每亩计划基本苗数 3 万株	
种子千粒重为 5 g	
发芽率为98%	
田间出苗率为85%	
谷子播种量	_____kg
计算公式	每亩谷子的播种量 /kg= $\dfrac{\text{亩计划基本苗数} \times \text{千粒重} /g}{1000 \times 1000 \times \text{发芽率} \times \text{田间出苗率}}$

任务3 科学播种

因谷子种粒很小，在播种时，为了保证精量播种和出苗均匀，常常用炒熟的谷子制成毒谷，混合播种，还可兼治地下害虫。参与基地生产实践或虚拟仿真实训，结合学习平台的资料，合作探究，完成表9.6。

表9.6 谷子播种技术

技术要点	具体要求
1. 合理密植	谷子的种植密度，因 _____、土壤肥力、品种特性、种植早晚而定。一般在无霜期长的地区、肥水条件较差时，晚熟品种，春播宜稀；反之，应密些。 华北北部和西北高原地区，谷子的种植密度为 _____； 华北南部平原夏谷产区，谷子的种植密度为 _____； 东北地区，谷子的种植密度为 _____； 内蒙古高原区和黄土高原区，谷子的种植密度为 _____
2. 计算播种量	计算公式：
3. 确定播种方式、方法	播种方式： 播种方法：
4. 确定播种深度	播种深度：过深时，会出现"蜷苗"现象，降低出苗率，增加病菌侵染机会；过浅时，又常因表土干旱而缺苗。生产中一般以播深 _____ cm 为宜
5. 施种肥	谷子种粒小，贮藏营养少，二三叶时，籽粒养分已经耗尽，这时根系弱，加之土壤温度较低，养分分解慢，所以，增施速效有机肥做种肥，对于培育壮苗有重要意义，种肥用量一般是标准氮肥约 _____ kg，并配合施过磷酸钙 10~15 kg。施肥时，要注意种子和肥料分开，防止烧苗
6. 均匀播种	选用现代化智慧播种机播种，下种均匀利于出苗均匀
7. 播后镇压	意义： 措施：一般要镇压 _____ 次

任务反思

谷子电控智能精准播种机是一款基于多工况的精准播种技术装备。这套装备具有实时精准调节播种量、提高播种质量和作物产量、保证种子合适的播种深度和播深一致性、提高出苗质量等优点，有助于推进农业机械化和农机装备产业转型升级。请你查询资料，将谷子电控智能精准播种机的资料整理出来在班级群内分享，并发表自己的看法。

任务拓展

播种前，通常对谷子进行一定的处理，不仅可以杀死病菌，减少病源，还可以提高种子的发芽率和发芽势。扫描二维码9.3，了解更多关于谷子播种前种子处理的知识。

二维码9.3　谷子播种前种子处理技术

项目评价

班级		姓名		日期		
评价指标	评价要素			自评	互评	师评
信息获取	能否有效利用网络、工作手册、智慧平台、专业书籍等资源查找有效信息					
任务实施情况	能否准确判断谷子适宜的播种时期					
	能否掌握不同的谷子播种方法					
	是否会估算谷子的播种量					
	能否确定谷子的播种深度					
	能否做好谷子的种肥施用工作					
	能否进行谷子的合理密植					
参与状态	是否按时出勤					
	是否积极参与任务实施					
	是否能与老师、同学保持多向、丰富、适宜的信息交流					
	是否积极思考问题，能提出有价值的问题或发表个人见解					
	是否服从老师的管理					
经验收获						
反思建议						

项目三 田间管理

1. 掌握谷子的苗期管理技术。
2. 掌握谷子的拔节孕穗期管理技术。
3. 掌握谷子的抽穗成熟期管理技术。
4. 掌握谷子的适期收获技术。

学习准备

课前自主学习本项目的活页资料，完成学习准备检测。

一、谷子的生长发育

因品种不同，谷子从出苗到成熟经历的时间不等，在春播条件下，一般品种需_____天。其中特早熟品种一般少于_____天，早熟品种_____天，中熟品种_____天，晚熟品种需_____天以上；夏播条件下，一般品种的生育期为_____天。

谷子从播种到成熟需要经历_____、_____、_____、_____和_____五个生育时期，最后形成产量。

二、谷子产量的形成

谷子的产量是由_____、_____和_____三个因素形成的。在产量形成因素中，_____是主导因素，_____比较稳定。谷子品种多数分蘖较弱或不分蘖，单位面积穗数主要由_____决定。在低产条件下，加大密度、增加穗数能显著增加产量；在高产条件下（密度达到一定限度时），_____则成为决定产量高低的主要因素。

据试验研究，谷子穗粒数是从拔节以后生长锥伸长到抽穗后 41 d 形成的，并且与_____是同步的。谷子穗粒数的形成和秕谷的形成有两个关键时期：一是在_____，二是在_____。前一个时期正值小花分化到花粉母细胞减数分裂时期，对外界环境非常敏感。若条件不良就会影响花粉粒形成及其活力，造成受精不良，形成大量秕谷，减少成粒数，导致减产。后一时期正是谷子进入灌浆高峰期，对养分需求十分迫切，如果养分供应不足就会影响籽粒灌浆。

三、中耕

中耕是农作物生长过程中进行的表土耕作措施。其作用是_____、_____、_____、_____和_____。中耕的时间和次数应依据_____、_____、_____、_____和_____确定。中耕深度应依据_____、_____、

_____ 和 _____ 的要求进行。一般农作物的幼苗期中要浅，中期要深，行距宽、要培土的中耕要深。

任务实施

任务1 实施前期田间管理

谷子的前期阶段从出苗到拔节，春谷历时 30～40 d，夏谷历时 20～25 d。该阶段以营养生长为主。谷子前期的主攻目标是在保证全苗的基础上，积极促进根系发育，适当控制地上部分发育，即"控上促下"，形成壮苗。

请根据此阶段谷子的生长发育特点及主攻目标，有针对性地参与生产实践或虚拟仿真实训，制订前期田间管理技术方案，完成表9.7。

表 9.7　谷子前期田间管理技术

技术要点	具体要求				
1. 查苗补苗	（1）对缺苗断垄严重的及时催芽补种。对有条件田块，在苗期还可进行点水移栽。 （2）适宜时间：五叶期 （3）具体步骤：				
2. 间苗定苗	（1）生产中强调 _____ 间苗，五叶定苗 据测定，谷子到三叶期以后，每推迟一个叶期间苗，减产 3%～5%。因此，农谚有"谷间寸，顶上粪"的说法 （2）谷子幼苗五叶期自养能力及抗逆性大大增强，此时定苗，既有利于培育壮苗，又便于操作 （3）注意问题：苗过小不易操作，且易造成缺苗；苗过大易形成高脚弱苗，且根系交织造成带苗、伤苗。要注意选留均匀一致、无病残的壮苗				
3. 蹲苗及中耕	（1）蹲苗就是"控上促下"，促进根系深扎，增强吸水和吸肥能力，从而提高抗旱能力，并抑制地上部分生长，促使基部茎节粗壮，有利后期防倒，为中后期健壮发育奠定良好的基础 蹲苗的措施： （2）苗期中耕一般进行 2~3 次，结合间、定苗两次，第三次在拔节前进行，结合清垄，即将间、定苗时留的残苗、双苗或雨后浮粒长开的小苗等去掉，使苗脚清爽，通风透光。中耕深度第一次 2~3 cm，采取浅锄轻抿土；第二次中耕深度为 5~7 cm，采取深锄轻覆土；第三次中耕深度为 7~10 cm 左右，并结合中耕 _____，促根拥苗，防止倒伏				
4. 防治前期病虫害	主要虫害			主要病害	
	蛴螬	蚜虫	蓟马	根腐病	病毒病
	防治措施：			防治措施：	

任务 2 实施中期田间管理

谷子的中期阶段从拔节到抽穗，历时 35~40 d。该阶段是营养生长与生殖生长并进、决定谷子穗大小及穗粒数的关键时期，也是谷子一生中生长发育最快、各部分竞争养分最剧烈、需水需肥最多最迫切的时期。谷子中期的主攻目标是促壮秆，叶色浓绿，叶片微下垂，整齐一致，植株健壮，主攻大穗。

请根据此阶段谷子的生长发育特点及主攻目标，有针对性地参与生产实践或虚拟仿真实训，制订中期田间管理技术方案，完成表 9.8。

表 9.8 谷子中期田间管理技术

技术要点	具体要求		
1. 科学肥水管理	（1）在旱作条件下：一般拔节期遇雨及时追肥，力争雨前追肥，采取开沟追肥的方法，此次施肥是关键性的一次追肥，在旱作条件下，以后一般不再追肥。 （2）有灌溉条件的田块：拔节后追肥灌水，采取肥随水行的追肥浇水原则，这次追肥量应占追肥总量的 2/3 以上。孕穗期再进行少量追肥。 （3）施肥量： 拔节期追肥量，一般每亩追施尿素 _____ kg 为宜。 孕穗期追肥量，一般每亩追施尿素 _____ kg 为宜。 （4）肥水管理步骤：		
2. 及时中耕除草	（1）拔节后，结合追肥进行一次中耕。此次要求中耕深度 _____ cm，进行高培土。 （2）孕穗中后期的中耕只浅锄 _____ cm，不能伤根，只除草、松土、保墒，并继续培土，促进地面茎节支持根的生长，增强吸收能力 （3）除草技术：		
3. 防治中期病虫害	主要虫害		主要病害
	防治措施：		防治措施：

任务 3 实施后期田间管理

谷子的后期阶段从抽穗开花到成熟，历时 40~45 d。其生育特点是以抽穗、开花、授粉、灌浆为重点，是建成籽粒、提高结实率和争取穗粒重的关键时期。营养器官基本停止生长，对肥水的需求逐渐下降。谷子后期的主攻目标是防止早衰，促进干物质积累和运输，争取穗大粒饱。

请根据此阶段谷子的生长发育特点及主攻目标，有针对性地参与生产实践或虚拟仿真实训，制订后期田间管理技术方案，完成表 9.9。

表 9.9　谷子后期的田间管理技术

技术要点	具体要求
1. 根外追肥	（1）追施磷酸二氢钾：在旱地每亩喷施 75 kg 浓度为 250 mg/kg 的磷酸二氢钾溶液，具有 _____ 和 _____ 的双重作用，使千粒重增加，秕谷率降低 （2）追施硼肥：硼能促进谷子开花，提高花粉生活力，有利于 _____。在抽穗和灌浆期，每亩喷施 100 kg 浓度为 300 mg/kg 的硼酸溶液。 （3）步骤：
2. 防旱防涝	此期谷子对肥水需求量虽然开始下降，但初期由于抽穗灌浆等对水分、养分要求尚迫切，因此，应注意防旱。 旱地应浅锄保墒，水地应及时 _____ 浇水。 防止根系早衰，保持根系活力的主要措施是： _____
3. 防倒伏防"腾伤"	（1）防止根倒伏和茎倒伏的措施：主要在生育前期，如蹲苗、中耕培土、镇压及适时控制肥水等。 （2）"腾伤"现象： （3）防止"腾伤"的措施：
4. 防治病虫害	主要虫害 / 主要病害（见下表） 防治措施：　　　　　　　防治措施：
5. 适时收获	谷子适宜的收获期为蜡熟期到完熟期，即植株下部叶片枯黄，上部叶片为绿黄色，穗为黄色，籽粒变硬，含水量为 _____ 时收获。 谷子有明显的后熟作用，收获后应适当堆放，使其穗部朝外，堆放 _____ 天后即可切穗，晾晒脱粒

任务反思

谷子具备补充能量、健脾养胃、补肾益气等多种营养价值，在山区种植较多，而山区地理环境特殊，传统人力种植谷子效率低，且作物生长过程中很难实现全面、精准化管理，而"信息化＋农业生产"使以上问题迎刃而解，大大提高了谷子的管理效率。请你查询资料，整理出谷子生产中的信息化案例分享给大家。

任务拓展

谷子具有抗干旱、耐贫瘠等特点，是环境友好型作物，在农业种植结构调整中夏播谷子成为替代玉米的较好选择。怎样才能种植出优质、高产的谷子成为目前农民关心的问题。扫描二维码9.4，了解更多关于夏谷高产、高效田间管理技术的知识。

二维码9.4　夏谷高产高效田间管理技术

项目评价

班级		姓名		日期		
评价指标	评价要素			自评	互评	师评
信息获取	能否有效利用网络、工作手册、智慧平台、专业书籍等资源查找有效信息					
任务实施情况	能否了解谷子各生育期的特点					
	能否掌握谷子的苗期管理技术					
	能否掌握谷子的拔节孕穗期管理技术					
	能否掌握谷子的抽穗成熟期管理技术					
	能否掌握谷子的适期收获技术					
参与状态	是否按时出勤					
	是否积极参与任务实施					
	是否能与老师、同学保持多向、丰富、适宜的信息交流					
	是否积极思考问题，能提出有价值的问题或发表个人见解					
	是否服从老师的管理					
经验收获						
反思建议						

模块拓展

谷子轻简化高产栽培技术

谷子轻简化高产栽培技术是一种全新的谷子生产技术，也是未来谷子生产的发展趋势。利用谷子轻简化高产栽培技术，不仅可以节省间苗、除草工作量，而且可以减轻苗荒、草荒危害，提高产量。

一、选地

合理选择种植地块，忌重茬、迎茬，最好进行轮作倒茬，以减少病虫草害发生。适宜的前茬作物有高粱、玉米、大豆、绿豆等。

二、整地

谷子是小粒作物，播种对整地质量要求高，一般采用秋翻春耙方法进行整地，耕层 20~25 cm，做到无漏耕、无坷垃。起垄、施肥、镇压连续作业。垄距 60~65 cm。

三、品种选择

依据当地自然气候条件，以优质、稳产、抗病抗倒性强、适合轻简化高产栽培为基本原则，选用近年来经国家非主要农作物品种登记的优质、抗除草剂型品种。

四、播前准备

精选种子：在播前要用 10% 盐水对种子进行严格精选，去除秕粒和杂质。盐水选后不需再用清水淘洗。

拌种、闷种：近年来，部分地区线虫病和白发病等发生严重，种子带菌、带虫是主要原因。建议播前对种子进行处理。采用甲霜灵可湿性粉剂按种子重量的 0.2%～0.3% 拌种，防治白发病菌和黑穗病菌。采用 50% 辛硫磷乳油按种子量的 0.2%～0.3% 拌种，再闷种 4 h，防治线虫病。

五、播种

播种期：根据春播前土壤温度和品种生育期长短确定适宜播种期。耕层温度稳定达到 10℃时为最佳播种时期。对于早熟品种可适当晚播。

播种方式、方法：采用精量播种机进行播种，条播或穴播，覆土 2～3 cm。播后及时进行镇压。视土壤墒情镇压 1～2 次。一般每公顷播种量为 2.5～3 kg。

六、施肥

根据地力情况合理施肥。有条件的以施用有机肥为最佳，施用有机肥能培肥地力、改善土壤的理化性状、增强抗旱性和小米的品质。无条件每公顷施入复合肥 350～400 kg 做底肥。在拔节孕穗期，视谷苗长势可适当追施氮肥和钾肥。

七、间苗与定苗

采用机械精量播种的地块视出苗情况适当间苗或不间苗。早间苗、早铲趟、早防虫，5～6 叶期定苗。

八、中耕除草

一般中耕 2～3 次，铲趟结合，严防脱节。种植抗除草剂型谷子品种的生产田通过喷施配套专用除草剂进行化学除草。

九、防治病虫害

谷瘟病：田间初见叶瘟病斑时，可选用 2% 春雷霉素可湿性粉剂 500~600 倍液、20% 三环唑可湿性粉剂 1000 倍液或稻瘟灵乳油按说明用量进行防治。如果病情发展快，可 5~7 d 再喷 1 次。为了预防穗瘟，在齐穗期可针对穗部进行 1 次防治。

白发病、黑穗病和线虫病：播前对种子进行药剂拌种和闷种综合处理，能够有效防治白发病、黑穗病和线虫病。

虫害：谷子定苗后应及时防治粟芒蝇、粟负泥虫、粟跳甲等虫害，可使用高效氯氰菊酯类药剂进行防治效果较好；在谷子生育中期需要防治黏虫和玉米螟等虫害，可采用菊酯类药剂加甲维盐或氯虫苯甲酰胺进行防治效果较好。

十、适时收获

一般在蜡熟末期或完熟期进行收获。此时谷子下部叶片变黄，上部叶片稍带绿色呈现黄绿色，谷粒已变为坚硬状，几乎全部变黄，种子含水量在 20% 左右。一般采用谷子联合收割机进行收获。

注意事项：注意上茬作物农药使用情况，避免农药残留造成谷子死苗或不出苗；品种选择上注重选择中矮秆抗倒性强、穗茎短的适合机械化生产作业的优质抗除草剂型品种，实现轻简化高产栽培管理。

谷子轻简化高产栽培技术是一种全新的谷子生产技术，也是未来谷子生产的发展趋势。学习了上面的材料后，讨论总结出该技术的关键技术要点。

谷子轻简化高产栽培技术的突出特点是省工省力、减轻劳动强度、降本增产、简化高效、实现谷子生产机械化，同时适宜谷子春播区和夏播区推广应用。参与谷子的轻简化高产栽培实践，体验高科技给农业带来的好外。

模块十
甜菜生产技术

学习内容提要

■播前准备：选用良种；科学整地；种子处理。
■播种：确定播种期；提高播种质量。
■实施田间管理：前期田间管理；中期田间管理；后期田间管理。

学习目标

■素质目标：通过学习，逐步养成和具备工程思维的工作意识、科学严谨的学习态度、精益求精的工匠精神、助农爱农兴农的"三农"情怀；具备国家粮食安全战略意识。

■知识目标：掌握甜菜生产的流程，理解甜菜良种选择、整地、种子处理、田间管理等技术要求。

■技能目标：能够科学规范地进行甜菜的良种选择、种子处理、播前整地、适期播种、田间管理。

重难点

■重点：甜菜的播种、田间管理。
■难点：选用良种、确定播种适期、处理种子。

项目一　播前准备

学习任务

1. 了解甜菜的阶段发育类型及生产中的应用。

2. 理解合理选用品种和处理种子对农业生产的重要性。

3. 掌握甜菜的选用良种、处理种子、耕翻、合理轮作、施基肥和灌溉底墒水的技术措施。

4. 能熟练实施甜菜的田间管理工作。

5. 培养团队合作与协作的能力，共同完成农作物生产，培养科学农业技术应用和实践操作能力。

学习准备

课前自主学习本项目的活页资料，完成学习准备检测。

甜菜在公元 1500 年前后从阿拉伯国家传入中国。甜菜属二年生作物，第一年完成营养生长，生产块根（称原料根）可供榨糖用；第二年为生殖生长，用甜菜母根作采种株，以生产甜菜种子。甜菜按照用途分为糖用甜菜、饲用甜菜、食用甜菜和叶用甜菜四个类型。

一、了解甜菜种业发展现状

我国甜菜年均播种面积 _____ 公顷左右，种植区域主要集中在西北和华北地区的新疆、甘肃、内蒙古等地，内蒙古甜菜产业发展迅猛，已成为我国最大的甜菜糖产区。

1. 种业市场。目前，我国甜菜种子 95% 以上由国内公司从国外引进。只有 3%～5% 的生产用种依靠国内的科研育种单位供应，当前，在国内很少有种业公司经营甜菜种子，种子销售模式也是由制糖企业选定品种，与农户签订协议实行订单生产。因此，制糖企业是甜菜品种的需求方和市场的主宰者。

2. 品种登记。截至 2020 年底，甜菜登记品种达到 191 个，除 8 个是菜用品种外，其余 183 个均为糖用品种。这 183 个糖用品种中，我国自主选育的有 16 个，境外引进的有 167 个，境外引进的品种数量占糖用甜菜品种登记总数的 91.3%。

讨论制约甜菜种业国产化的原因有哪些？讨论探究并记录结果。

_____

_____

二、中国的甜菜种业市场

随着国外甜菜种业公司对我国甜菜种子市场垄断局面的形成以及单胚雄性不育丸粒化品种的需求量逐年扩大，目前国外进口单胚雄性不育丸粒化种子质量出现下降现象，每年均会出现低等级种子、陈种子进入我国的情况。同时，国外品种的进入，也造成我国甜菜褐斑病、丛根病、根腐病等病害加重，导致甜菜含糖率下降，影响了农业绿色生产发展进程。

针对我国甜菜种业市场存在的问题，谈谈你的看法。

_____

三、了解甜菜四个营养生长期

甜菜第一年的营养生长时期，以根、叶增长和糖分积累的规律为基础，以物质代谢的变化和生长中心的转移为主要特征，可分为以下四个时期：

1. _____
2. _____
3. _____
4. _____

四、甜菜的生产概况

甜菜是重要的 _____ 及工副业原料，也是一个适应性较强、增产潜力较大的经济作物。甜菜在我国的种植区分为春播区和夏播区。春播区有东北、华北和西北三个区，如黑龙江、内蒙古、新疆、甘肃、山西、吉林。夏播区主要分布在北纬 32°～38°之间的山东半岛、苏北、陕西的渭南、山西运城以及河北南部的两年三熟或一年两熟地区。

五、选地选茬、合理轮作

甜菜生长对土壤的要求较为特殊，土壤的水、肥、气、热状况会直接影响甜菜块根的膨大和糖分的积累。为了获得高产、高糖的甜菜，应选择潜在肥力高、土层深厚、结构良好、保肥水能力强、有便利灌溉条件的土壤进行种植。

选择甜菜的前茬作物时，应选择收获时间早、能及时进行秋耕并能促进土壤熟化增进土壤肥力的作物。例如，小麦、油菜、豆类、瓜果等都是甜菜的好前茬。其次是玉米、马铃薯等，但严禁重茬和迎茬（最好间隔一年）。有资料证明，重茬甜菜会减产 _____%，含糖量下降 1.27～2.86 度。

合理轮作倒茬是增产增收的重要措施。甜菜最好实行 4 年以上的轮作。这样可以有效避免土壤病虫害的发生，保持土壤肥力，提高甜菜的产量和糖分含量。

六、选用良种

选用良种要根据当地自然条件、地块及生产栽培水平而定。积温高、肥水条件好的地区，应选用多倍体良种；无灌溉条件地区或地块，应选用 _____ 品种；热量和雨水条件好的地区、地块，应选用 _____ 品种。所用良种发芽率应在 _____% 以上，净度在 97% 以上，种球直径大于 2.5 mm，种球千粒重 20 g 以上且色泽正常，无霉变现象。

任务实施

任务1 选用良种

任务 1.1 甜菜的系形态结构

通过观察、解剖，识别并绘制甜菜块根、种球、种子的外部形态和内部结构，完成表 10.1。

表 10.1 甜菜的外部形态和内部结构

部位	外部形态	内部结构
块根		
种球		
种子		

任务 1.2 选用良种

同学们通过智慧平台、网络、专业书籍等渠道，整理出 4 个甜菜常用良种的特征特性和适宜种植区域（KWS9145 已经整理好），完成表 10.2。

表 10.2 甜菜常用品种的特征特性和种植区域

品种名称	农艺性状	抗病性鉴定	品质检测	产量表现 种植区域
KWS9145	叶柄较细长，叶片数 26~30 片；块根为纺锤形，根头较小，根沟较浅，根皮白色，根肉白色	田间自然发病，褐斑病 1.5 级，根腐病发病率 0.1%~2.7%	工艺品质好，出糖率高，块根含糖率为 16.8%~17.4%	平均公顷块根产量为 52324.2 千克；适宜于哈尔滨、大庆、齐齐哈尔、牡丹江、黑河甜菜产区种植

甜菜良种主要具备丰产、抗旱、高糖、抗病等性状。指导农民朋友在选择甜菜品种时，需要考虑多个因素，包括种植地区的气候条件、土壤特性、种植目的。此外，指导农民朋友咨询当地农业技术推广部门或参加相关的职业农民培训，以获取更多的种植指导和技术支持。

任务 2　科学整地

甜菜播前整地按"齐、平、松、碎、净、墒"六字标准进行，为提早播种，提高产量和含糖量，应大力推广"秋翻冬灌，秋施肥"工作。参与甜菜生产实践或虚拟仿真实训，扫描二维码 10.1，学习科学整地相关知识，各小组合作探究甜菜选地和轮作技术，完成表 10.3。

二维码 10.1　甜菜的科学整地技术

表 10.3　甜菜的整地技术

技术要点	具体要求
1. 伏翻、秋翻整地	耕深：_____ 技术要求：
2. 起垄	机械： 技术要求：
3. 施基肥	施肥技术： 农家肥为主，配合使用化肥。 农家肥用量：_____ 过磷酸钙用量：_____ 磷酸二氢钾用量：_____
4. 灌溉底墒水	技术要求：

任务 3 处理种子

参与甜菜播种前种子处理实践或虚拟仿真实训，整理出甜菜播前种子处理技术，完成表 10.4。

表 10.4 甜菜播前种子处理技术

种子处理方法	技术措施
精选种子	方法： 器具：
压碎种球	
温水浸种	意义： 方法：
药剂闷种	药剂： 器具： 步骤：
测定种子 发芽率	步骤：

任务反思

甜菜是中国北方主要的生产蔗糖的作物，由于甜菜品种由多胚转向单胚，我国单胚自交系选育方面远远落后于国外，致使目前我国甜菜种子 95% 以上由国外引进。许多研究人员扎根土地，心系甜菜产业发展，研究甜菜栽培育种技术。一粒优质的种子背后，凝结着研究人员一辈子甚至几代人的心血。利用课余时间搜集 2 位甜菜育种专家，将其在良种培育工作上的突出贡献在班级群内分享。

任务拓展

甜菜品种鉴定

在农业农村部甜菜品质监督检验测试中心的精心组织下，标准修订依据《中华人民共和国种子法》等有关法律法规和种业发展的新情况，以 2011 年发布的 GB 19176-2010《糖用甜菜种子》国家标准为基础，收集整理了大量国内外相关材料，通过对标准实施情况的广泛调研、汇总分析、调查研究、室内检验、征求意见和专题研讨等程序，按时保质地完成了国家标准《糖用甜菜种子》的修订任务。扫描二维码 10.2，了解更多全国甜菜品种鉴定标准知识。

二维码 10.2 GB 19176-2010《糖用甜菜种子》国家标准

项目评价

班级		姓名		日期		
评价指标	评价要素			自评	互评	师评
信息获取	能否有效利用网络、工作手册、智慧平台、专业书籍等资源查找有效信息					
任务实施情况	能否熟练介绍甜菜良种的特征特性					
	是否掌握处理种子的技术措施					
	能否进行甜菜种植准备工作，包括选地选茬、合理轮作、土地准备和种子处理					
	能否会处理甜菜种子					
参与状态	是否按时出勤					
	是否积极参与任务实施					
	是否能与老师、同学保持多向、丰富、适宜的信息交流					
	是否积极思考问题，能提出有价值的问题或发表个人见解					
	是否服从老师的管理					
经验收获						
反思建议						

项目二 播种

学习任务

1. 了解甜菜品种选用的原则，理解根据当地气候和土壤条件，确定最佳的甜菜播种时间。

2. 掌握甜菜的播种技术。

3. 能够熟练进行甜菜的播种，包括确定甜菜的播种量、行距、穴距以及播种深度。

学习准备

课前自主学习本项目的活页资料，完成学习准备检测。

一、整地

1. 甜菜整地质量要求做到 _____，田面平整，表土疏松，底土紧实，达到_____、保肥、通透性良好。有条件的地方，可秋起垄，进行秋冬灌水，人工造墒。

2. 基肥一般占甜菜全部施肥量的 _____。

二、提高播种质量

1. 采用多粒种的种球播种，_____ 种球可保证下种均匀，促进种子吸水萌发，便于间苗。在播前，可以用碾子、磙子等碾压种球，使种球破裂，脱去部分木质化花萼和外果皮。

2. 甜菜条播的播种量为 _____kg/hm²，精量播种时播量为 _____kg/hm²。甜菜播种方法分 _____、_____ 两种。行距 _____cm，穴距 _____cm 为宜。播种时应 "_____"，以 3 cm 左右为宜。播后要及时镇压以利保墒出苗。

三、甜菜的种植地区

在肥沃地和施肥较多的地块，密度宜稀；瘠薄地或施肥较少的地块宜密。水分充足地区或地块以及有灌溉条件的可适当稀些；干旱地区或沙岗地，又无灌溉条件的可适当密些；生长期长的地区可适当稀些，反之则密些；丰产型品种应适当_____ 些，高糖型品种可适当 _____ 些。

任务实施

任务1 确定适宜的播种期

结合学习资料，合作探究完成甜菜播种适宜时间的表格并学以致用，指导当地农民朋友进行科学播种。实地调查或查阅资料整理出当地适宜播种时间，完成表10.5。

表 10.5　确定甜菜的适宜播种期

项目		具体要求
确定适期播种的意义		保证出苗整齐一致，苗全、苗壮而高产
确定适期播种的依据		依据温度确定播种期
温度确定法		一般 5 cm 处土壤温度达 ＿＿＿＿＿℃以上时方可播种
各区域及不同季节的各地区适宜播期	东北春播区	
	华北、西北春播区	
	各区的夏播	

任务 2　计算播种量

某农场计划播种甜菜 10 ha，要求每亩基本苗数 6 000 株，购买的某甜菜种子千粒重为 22 g，发芽率为 95%，田间出苗率为 90%，计算每亩甜菜的播种量。各小组合作探究帮助该农场计算播种量后，完成表 10.6。

表 10.6　计算甜菜的播种量

每亩计划基本苗数 6000 株	计算过程
种子千粒重为 22 g	
发芽率为 95%	
田间出苗率为 90%	
甜菜播种量	＿＿＿＿＿＿＿kg
计算公式	每亩甜菜的播种量 /kg= $\dfrac{\text{每亩计划基本苗数} \times \text{千粒重}/g}{1000 \times 1000 \times \text{发芽率} \times \text{田间出苗率}}$

任务 3　科学播种

甜菜要求墒足浅播，一般播种深度在 2～3 cm，覆土 1 cm。黏重土地、重盐碱地块宜播种深度 1～2 cm，地下水位高的下潮地播深 2～2.5 cm，地膜甜菜播深 2 cm，种子必须播到湿土上，播种机要带限深器及局部镇压器，这些是实现甜菜丰产的基础。参与基地生产实践或虚拟仿真实训，结合学习平台的资料，合作探究，完成表 10.7。

表 10.7　甜菜的播种技术

技术要点	具体要求
1.合理密植	
2.计算播种量	计算公式：
3.确定播种方式及行距	
4.确定播种深度	确定适宜的播种深度，意义：利于全苗、壮苗和安全越冬； 种子播种深度以 ____cm 为宜
5.施种肥	常用的种肥：_____ 种肥的用量：_____ 注意问题：种肥混播的，随混随播。最好是使用肥种分播机械
6.均匀播种	选用现代化播种机播种，下种均匀，利于出苗均匀
7.播后镇压	有提墒和促进种子萌发出苗的效果，利于苗齐、苗匀、苗壮； 镇压时间：_____

任务反思

1. 一年之计在于春，当前我省进入农业生产备春耕的关键时期，我校推出"乡村振兴科技支撑行动"网络课堂。请积极与种植大户、家庭农场、农业专业合作社及广大农民朋友学习交流，分享甜菜的先进播种方式。

2. 甜菜育苗移栽的好处，一是可作为一项抗旱播种的办法，二是可以更好地利用盐碱地生产甜菜。请查阅资料学习并练习甜菜育苗技术。

任务拓展

甜菜机械化播种

甜菜机械化播种是指利用机械化设备一次性完成旋耕、分厢、开沟、播种、施肥、覆土等多道工序，大大提高了播种效率，节省了人力和成本。甜菜机械化播种技术不仅提高了播种效率，还保证了播种的均匀性和密度要求，为甜菜的高产打下了坚实的基础。扫描二维码 10.3，观看甜菜机械化播种视频，感受农业科技的力量，谈一下个人体会。

二维码 10.3　甜菜机械化播种

项目评价

班级		姓名		日期		
评价指标	评价要素			自评	互评	师评
信息获取	能否有效利用网络、工作手册、智慧平台、专业书籍等资源查找有效信息					
任务实施情况	能否根据当地气候和土壤条件，确定最佳的甜菜播种时间					
	是否掌握甜菜的播种量计算公式					
	是否会精选种子					
	能否会选择甜菜的播种方式，是否会用农机具均匀播种					
	是否会制定甜菜的播种方案					
参与状态	是否按时出勤					
	是否积极参与任务实施					
	是否能与老师、同学保持多向、丰富、适宜的信息交流					
	是否积极思考问题，能提出有价值的问题或发表个人见解					
	是否服从老师的管理					
经验收获						
反思建议						

项目三 田间管理

学习任务

1. 了解甜菜生育的特点。

2. 理解甜菜各阶段田间管理主攻目标。

3. 掌握甜菜田间管理技术。

4. 会制订甜菜的田间管理技术方案。

学习准备

课前自主学习本项目的活页资料，完成学习准备检测。

一、甜菜的生产概况

我国甜菜广泛种植于北部的 _____ 地区，即北纬40°以北的东北、华北和西北地区，主要分布在新疆、黑龙江、内蒙古等地。

二、甜菜的生长生育时期

甜菜的营养生长通常分为4个生育时期，即 _____ 期、叶丛快速生长期、块根糖分增长期和糖分积累期。这些生育时期实际是连续的，并且有相互重叠的情况。

三、甜菜的产量构成因素

甜菜产量构成因素包括 _____ 和 _____。制糖甜菜的产量也与其含糖量密切相关。

四、甜菜施肥、灌溉的原则

1. 甜菜的种植施肥原则：控制 _____ 肥，多施磷、钾肥，增施硼、锌肥。

2. 甜菜灌溉原则是前 _____ 后控，叶片快速生长期至块根、糖分增长期是灌水的重点。

五、甜菜各阶段生长发育特点

了解甜菜的各个生育期的特点，完成表10.8。

表 10.8　各生育期特点

生育期	时间	生长发育特点
叶丛繁茂期	4月中下旬至5月下旬	6~8片真叶，持续时间35~40天（即4月下旬到5月下旬），根细胞分裂和增长活动加快，下胚轴和胚根分化成块根，根系下扎，对氮磷营养特别敏感，根系发育快，叶发生速度慢

生育期	时间	生长发育特点
块根糖分增长期	6月上旬至7月上旬	叶丛生长速度最快，叶丛干重占生育期最大值的71%以上、氮素的80%、磷素的70%，光合产物的绝大部分用于叶器官的建造；块根增长速度逐渐加快，增长量占生育期的37%，该期叶丛生长发育状况如何是决定 _____ 的主要因素
块根糖分增长期	7月底至8月底	生长中心开始由叶丛向块根转移，50%以上的光合产物分配到块根中，块根增长量占生育期总量的54%，这个时期块根、糖分增长最快，因此，加强水肥管理，防治病虫害保护功能叶，协调根叶生长，是促进块根增长和糖分积累的重要环节
糖分积累期	9月后	叶丛生长显著下降，块根基本停止增长，光合产物以蔗糖的形式贮藏于块根中，块根糖分迅速提高，收获期达到最大值，时间从9月上旬～10月上旬，块根积糖量占生育期积糖总量的1/3；该期适量 _____ 能延长功能叶寿命，有利于糖分积累，如果大量灌水，促使新叶大量丛生，将会大幅降低含糖率

任务实施

任务1　实施前期田间管理

甜菜的前期阶段即幼苗期，该阶段以营养生长为主。甜菜前期的主攻目标是保证苗全、苗匀、苗齐、苗壮，促根发苗。

请根据此阶段甜菜的生长发育特点及主攻目标，有针对性地参与生产实践或虚拟仿真实训，制订前期田间管理技术方案，完成表10.9。

表10.9　甜菜前期田间管理技术

技术要点	具体要求
1. 查苗、补苗、放苗	幼苗显行后，发现缺苗断垄，及时 _____。与膜下种孔错位时，应及时破膜放苗封土，防止高温烧苗
2. 清理膜上覆土	适墒播种的地块，播后 _____ 天，可及时清理膜上的覆土，有利于甜菜顶土出苗。播后遇雨，及时破除板结
3. 中耕、揭膜	甜菜封垄前中耕松土3次。第一次中耕在甜菜现行后，进行 _____cm 浅中耕，第二次中耕在定苗后，耕深 _____cm，第三次中耕在封垄前，耕深 _____cm。要求不伤苗、不压苗。结合第三次中耕及时揭膜，提高土壤的通透性，减少或防止根腐病的发生

技术要点	具体要求			
4. 防治病虫害	主要虫害		主要病害	
	防治措施：		防治措施：	

任务 2 实施中期田间管理

甜菜的中期阶段包括叶丛形成期、块根增长期共两个生育时期，该阶段是甜菜营养生长、生殖生长的旺盛期，对肥水要求十分迫切，反应敏感。甜菜中期的主攻目标是促进叶丛迅速生长，形成强大根系，加速块根增重。

请根据此阶段甜菜的生长发育特点及主攻目标，有针对性地参与生产实践或虚拟仿真实训，制订中期田间管理技术方案，完成表 10.10。

表 10.10 甜菜中期田间管理技术

技术要点	具体要求			
1. 根外追肥	根外施肥一般是根据甜菜的长势来进行，在甜菜长势较好的时候，而我们一般只需进行 _____ 次根外施肥，而每次追肥都是以 _____ 肥为主，并配以其他微生物菌肥或有机肥			
2. 叶面喷肥	在甜菜块根膨大期，每隔 _____ 天喷施一次地下作物专用的大世界膨大剂，可有效促进甜菜的生长，在甜菜后期 7 月底至 8 月下旬，亩喷施大世界膨大剂和 100～200 g 磷酸二氢钾，每隔 10～15 d 喷 1 次，共喷 2～3 次，可明显提高甜菜的含糖量			
3. 防治病虫害	主要虫害		主要病害	
	防治措施：		防治措施：	

任务 3 实施后期田间管理

甜菜后期阶段即糖分积累期是小麦进入生殖生长为主的阶段，块根的增重速度减缓。甜菜后期的主攻目标是保证适量的水分供应，及时防治病虫害、消灭草荒和防止茎叶早衰，增加光合生产率，促进块根继续膨大，促进糖分向块根内运转，增加块根的含糖量和产量。

请根据此阶段甜菜的生长发育特点及主攻目标，有针对性地参与生产实践或虚拟仿真实训，制订后期田间管理技术方案，完成表10.11。

表 10.11　甜菜后期田间管理技术

技术要点	具体要求
1. 追肥	在甜菜生长后期，以 _____ 肥追肥，可增加植株的生理功能，促进糖分的运转和积累，使块根产量及含糖量都显著提高
2. 保护功能叶	严禁摘除老叶或让牲畜啃食老叶，在 8 月中旬摘除 10~20 片叶子，可造成减产 16%~37%，降低含糖量 0.5~1.5 度。因此，在甜菜后期管理中，_____ 对于甜菜膨大，以及提高糖度是非常重要的，可以喷施昼夜快长长茎长叶提高光合作用
3. 消灭草荒	甜菜生长后期，如果草荒严重，不但严重影响块根产量，而且降低块根的含糖率。所以，必须及时控制草荒，要人工拔除杂草 2~3 次。这样，既可控制当年的草荒，又可减轻该地块下茬的草荒

4. 防治病虫害	主要虫害		主要病害	
	防治措施：		防治措施：	

任务反思

1. 甜菜夜蛾是一种世界性顽固害虫，可吃光叶肉，仅留叶脉，甚至剥食茎秆皮层。幼虫可成群迁移，稍受震扰就吐丝落地，有假死性。3~4 龄后，白天潜于植株下部或土缝，傍晚移出取食为害，高温、干旱年份发生严重，大面积发生时可造成绝产。植保站人员提醒广大农民朋友，及时调查甜菜夜蛾的发生情况，及时准确地防治。考虑到化学防治带来的环境污染，假设你是植保站工作人员，针对甜菜夜蛾的有效综合防治，给出合理化的建议。

2. 内蒙古自治区赤峰市某农场计划播种甜菜 1500 亩。该农场负责人刘总与糖厂签订了订单生产合同。考虑到种植甜菜的部分地块地势低洼，容易积水，易受高温高湿等情况影响发生根腐病，刘总定制了专用预防根腐病菌种用于预防根腐病，还邀请农业技术员李工做技术指导。了解到农场需解决根腐病发生的问题，李工根据所学和经验为刘总提供了一套详细的解决方案。有了李工的解决方案，刘总对预防根腐病就更加信心十足了。通过此事，刘总认识到了农业科学的力量。对于农业科学，谈一谈自己的看法。

任务拓展

甜菜的田间幼苗计数技术

田间作物幼苗计数是一项费时费力的工作，涉及作物栽培、田间试验、作物育种和杂草控制等多种农业实践活动。基于无人机的 RGB 成像系统是一种田间测量的新工具，能够结合深度学习算法分析无人机拍摄的作物图像，进而得到需要的农业信息。

基于无人机的摄像系统结合深度学习算法成功用于甜菜的全自动计数。在不同的生长阶段对五个地点进行了监测，并通过全卷积神经网络（FCN）自动预测了每个地块的作物数量。采用的 FCN 算法是一个单一模型，用于确定作物和杂草确切的茎部位置，并考虑作物、杂草和土壤的像素级分类。为了确定该算法的性能，对预测的作物数量与实测的作物数量进行了比较。结果表明，基于无人机成像系统的田间甜菜数量预测误差低于 4.6%，影响性能的主要因素为行距和生长阶段。将所利用的甜菜计数算法迁移到玉米和草莓幼苗的计数，预测误差小于 4%。整个预测流程表明了基于无人机的成像系统结合深度学习算法开展田间作物自动计数是可行的，能够大幅度减少农民的手工劳动量。扫描二维码 10.4，了解基于无人机 RGB 成像系统技术的田间甜菜自动计数对甜菜田间管理的影响和作用。

二维码 10.4　基于无人机 RGB 成像系统技术的田间甜菜自动计数

项目评价

班级		姓名		日期		
评价 指标	评价要素			自评	互评	师评
信息 获取	能否有效利用网络、工作手册、智慧平台、专业书籍等资源查找 有效信息					
任务 实施 情况	是否了解甜菜种植的基本知识，包括苗期管理、中耕松土、施肥 灌溉原则等					
	能否掌握甜菜种植技术					
	能否根据甜菜生长的不同阶段，采取相应的管理措施					
	是否能制订甜菜的生产方案					
	是否掌握甜菜病虫草害的防治技术					
参与 状态	是否按时出勤					
	是否积极参与任务实施					
	是否能与老师、同学保持多向、丰富、适宜的信息交流					
	是否积极思考问题，能提出有价值的问题或发表个人见解					
	是否服从老师的管理					
经验 收获						
反思 建议						

模块拓展

气吸式免耕精密播种新技术

气吸式免耕精密播种机（图 10.1），是国家 948 科技攻关模块成果，可一次实现开沟、侧深施肥、破茬、播种、培土、镇压作业。该机械广泛适用于玉米、大豆、高粱、甜菜等大中籽粒穴播作物，通用性强，播种效果好，出苗率高。

图 10.1　气吸式免耕精密播种机

气吸式免耕精密播种机具备的优点：

1. 精量播种、增产增收。

气吸排种、精量播种，避免同穴多苗争肥争光，播种器单体采用四连杆仿形结构，保障各行播种深度一致，并可单独关闭任意一行，方便地头作业。

2. 镇压效果好。

地轮高低可调，大尺寸真空橡胶轮镇压轮的镇压强度和角度可调，适用于各种土壤条件下的平作和起垄作业。种肥分施，不烧种子，侧深施肥圆盘改为单圆盘，施肥更深。

3. 坚固耐用、调整方便。

主要组件在工作过程中坚固耐用，极其稳定。播种单体和施肥单体挂在带有刻度的 H 形支架上，行距调整方便。株距、种深、施肥量、培土角度和镇压强度调节只需扳动手柄即可。

4. 超大肥箱，实用。

种肥分施，不烧种子，侧深施肥圆盘改为单圆盘，施肥更深。总容量 540 L 的肥箱采用 V 形底面，减少加肥次数，提高作业效率。每一行施肥功能都可单独关闭。

5. 风力强劲、性能可靠。

每个风机都经过专业检测。预留有吹肥风口，可视工作情况加装吹肥功能带中央气室，缓解地头风压变化造成的损失。

6. 电子监控，后顾无忧。

可进行漏播报警，并计算每行播种株数。

气吸式免耕精密播种机具备很多优点，但是也有缺点。通过网络等途径，找出该播种机的缺点及解决方案。

气吸式免耕精密播种机适合于多种作物的精量播种，例如玉米、大豆、甜菜等，可以在已耕或者微耕的土地上使用。除了播种外，该播种机还有施肥等功能。搜集资料，在班级群里分享气吸式免耕精密播种机的使用技术。

模块十一
芝麻生产技术

学习内容提要

■播前准备：选用良种；科学整地；种子处理。

■播种：确定播种期；提高播种质量。

■加强田间管理：前期田间管理；中期田间管理；后期田间管理。

学习目标

■素质目标：逐步养成和具备工程思维的工作意识、科学严谨的学习态度、精益求精的工匠精神、助农爱农兴农的"三农"情怀；具备国家粮食安全战略意识。

■知识目标：掌握芝麻生产技术要点，理解芝麻的基本特征，了解芝麻病虫害防治技术；识别芝麻茎、叶、花、果的主要形态特征及类型区别。

■技能目标：能够熟练应用芝麻整地、播种、田间管理、无公害病虫害防治、机械化收获等技术。

重难点

■重点：芝麻的播种、田间管理。

■难点：芝麻叶面喷肥。

项目一 播前准备

学习任务

1. 了解芝麻类型及生产中的应用，了解芝麻良种对生产的作用。

2. 理解芝麻播前准备的技术要点。

3. 熟悉芝麻的整地技术。

4. 会选用芝麻良种，会测定芝麻的形态特征和类型观察，能正确处理芝麻种子。

学习准备

课前自主学习本项目的活页资料，完成学习准备检测。

一、了解芝麻的地位和特性

芝麻是世界和我国主要 _____ 作物之一，种子含油量一般在 _____ % 之间，居油料作物之首。我国芝麻需求量的一半是用于 _____。

二、了解芝麻的主要产区

我国主要产区集中在 _____ 平原和 _____ 地区。其中，河南、安徽、湖北三省的种植面积最大，均超过 _____ 万 ha。

三、芝麻的营养价值

芝麻不仅是一种美味的食材，更是一种营养价值极高的食物。芝麻富含 _____ 族维生素、维生素 E、芝麻素、芝麻林素等特殊功能成分，具有抗氧化稳定性及降血脂、抗高血压、延缓人体衰老等保健功效。

四、了解芝麻生产的意义

芝麻作为一种重要农产品，具有广泛的应用前景和产业发展潜力。从现代科技发展趋势看，芝麻不仅可以作为传统的食品和油脂加工原料，也可以用于 _____。芝麻用于工业制造，可制成润滑油、药膏、肥皂等。芝麻饼粕蛋白质含量较高，是很好的 _____；饼粕中氮、磷、钾含量较高，也是很好的肥料。芝麻及其制品和副产物应用前景十分广阔，需求量不断扩大，迫切需要系统研究我国芝麻生产中的新问题，提出新对策，促进芝麻产业振兴，实现可持续发展。

五、小组合作研究：芝麻类型

1. 按分枝习性，在生产上主要分为分枝型和 _____ 型。分枝型又可分为 _____ 型、_____ 中分枝型和 _____ 型。

2. 按颜色可分为 _____、_____、_____ 和黑芝麻等类型。

3. 按蒴果的棱数可分为四棱形、六棱形、八棱形和多棱形。

4. 按生育期的长短可分为 _____ 型、_____ 型和晚熟型。

六、了解芝麻良种具备的性状

选择好的品类是决定芝麻质量和产量的基础，芝麻在栽培时选择 _____ 、抗病力强、_____ 强、符合当地环境栽培的优良品种。这样在栽培时易于管理，产量高，收入也高。

根据生产条件选用适宜品种，并选用纯度高、粒饱满、发芽率 _____ 、无病虫和杂质的种子，在播前做好选种和发芽率试验，发芽率在 _____% 以上为安全用种。

任务实施

任务1　选用良种

春芝麻或肥力高、土壤黏重的地块，选用丰产性能较强的品种；夏芝麻在肥力较差的地块，选用早熟、耐瘠性强的品种。请通过教学平台、网络、专业书籍等资源，整理出下面部分芝麻良种的特征特性和适宜的种植区域，完成表11.1。

表11.1　部分芝麻良种的特征特性和适宜的种植区域

品种名称	农艺性状	抗病性鉴定	品质检测	产量表现种植区域
航丰1号	中早熟品种，生育期85~95 d 单秆型，茎秆特粗壮，高抗倒伏；籽粒白，光泽性好，裂蒴性强，节间较短，商品性稳定	株高160 cm左右，比较耐旱和耐涝，稳产性好，适应性广，高抗茎点病、高抗枯萎病和叶斑病	品种口感醇香，千粒重3 g左右，含油量为60%左右	适合各地春播和夏播，每亩播种量为400 g左右；适宜种植的区域主要包括黄淮、长江流域等区域
驻芝26号	平均生育期86 d，属中早熟品种。平均株高187.5 cm，腿位71.6 cm，黄稍尖，5.0 cm，果轴110.9 cm；单株有效成蒴果数90.8个，蒴粒数63.4粒，千粒重3.083 g；对枯萎病抗性高，中抗茎点枯病，抗旱、抗倒伏、耐渍性好	平均枯萎病病情指数为8.06，高抗枯萎病；平均茎点病病情指数为27.06，中抗茎点枯病	籽粒纯白，富油性，适合外贸出口；脂肪含量为54.8%；蛋白质含量为20.3%	适宜在河南省及黄淮区域种植。区域试验每ha平均产量为1448.55 kg；适宜在河南省及黄河流域种植
中丰芝1号				

选用良种要看它的丰产性、稳产性和优质性，选用良种要与良法相结合。指导农民朋友在选择芝麻品种时考虑多种因素，包括种植地区的气候条件、土壤特性、种植目的。此外，指导农民朋友咨询当地农业技术推广部门或参加相关的职业农民培训，以获取更多的种植指导和技术支持。

任务2　科学整地

芝麻种子小，顶土力弱，整地质量要求较高，必须达到精耕细耙、土壤细碎、耕层深厚、上虚下实、地面平整、墒情良好的要求。结合整地施好基肥、灌底墒水。通过网络查询、专业书籍查阅等方式，各小组合作探究并制订出芝麻的整地方案，完成表11.2。

表11.2　芝麻整地方案

技术要点	具体要求
1. 精细整地	芝麻播前整地要求：适墒整地，耕层上_____下_____，地表_____、细、_____，使芝麻出苗齐、全、匀；整地与施肥相结合：应考虑各生育阶段的旱、涝（渍）灾害，采用深沟窄畦，畦沟、腰沟和围沟"三沟"配套，便于排渍和田管；间作套种地块，应留好预留行等；根据不同自然条件和耕作制度从实际出发，及时整好地
2. 施足基肥	基肥宜施在10 cm土层内，用量占总施肥量的70%左右，以_____肥为主，配合施用磷钾肥； 结合整地撒施腐熟优质农家肥30～45 t/hm²，过磷酸钙300～450 kg/hm²和尿素75 kg/hm²做基肥_____施
3. 灌底墒水	在土壤水分多的情况下可在犁地后纵横精细耙地，播种后耙地盖种。在土壤水分少的情况下，耙地后立即_____、耙地盖种，并镇压保墒； 芝麻怕渍，而生育期是在雨水较多的时期。因此，在单种芝麻时要做畦，畦宽2～3米，平开畦沟、腰沟及围沟，以便及时排灌

任务3　种子处理

种子处理是确保芝麻健康生长和高产的重要环节，处理后的芝麻种子，能够提高其发芽率、出苗整齐度和幼苗生长健壮度，为芝麻的高产打下良好的基础。通过上网查询、专业书籍查阅等方式，各小组合作探究并制订出芝麻种子处理技术措施，完成表11.3。

表11.3　芝麻种子处理技术措施

种子处理方法	处理技术措施
1. 晒种	
2. 药剂处理	
3. 浸种	

任务反思

推进芝麻产业高质量发展，努力把小芝麻做成大产业，助力产业脱贫，实现农民增收、企业提质增效。优良的芝麻品种对最终的高产起关键作用，品种的好坏是高产的基础。一粒优质的种子背后，凝结着研究人员一辈子甚至几代人的心血。如张海洋，国家特色油料产业技术体系首席科学家，农业农村部油料专家指导组副组长，河南省农业科学院芝麻研究中心主任、研究员；先后主持国家"973""863""948"、国家公益性行业科研专项等芝麻重点课题30余项，在芝麻基础和应用研究方面取得了系统性创新成果，主持完成了芝麻基因组计划，克隆重要性状相关基因24个，建立了芝麻远缘杂交、化学诱变、遗传转化等优异种质创制技术体系；先后选育出28个芝麻新品种，首次提出亩产200 kg以上的栽培理论和技术体系，创造出亩产268.8 kg的世界单品最高纪录。

利用课余时间搜集2位芝麻育种专家，将其在良种培育工作上的突出贡献在班级群内分享，并谈谈自己的感受。

任务拓展

"中丰芝一号"芝麻品种

"中丰芝一号"芝麻品种，作为由中国农业科学院所选育的优质芝麻品种，适应能力强，耐重茬，对于芝麻的多种常见病害都具有一定的抗性，例如茎点枯病、枯萎病、叶斑病等，因而产量表现突出。农户种芝麻，最主要的目的就是榨油。种出产量高，含油量又高的芝麻，是农户种芝麻的最直接需求和最终目标，而"中丰芝一号"芝麻种就是产量又高，含油量又高的芝麻种。通常来讲，一般芝麻种子55%的含油量算是比较高的，但"中丰芝一号"芝麻种，高达56.6%的含油量，真正解决了农民对好品种的需求。

搜集"中丰芝一号"芝麻品种的相关资料，整理出其栽培技术要点。

"中丰芝一号"具有强大的适应力和耐重茬性，产量表现出色，尤其适合那些追求高产高油高效的种植户。请结合该材料谈一谈良种在保障粮食安全和提高农业生产效益中的具体作用。

项目评价

班级		姓名		日期		
评价指标	评价要素			自评	互评	师评
信息获取	能否有效利用网络、工作手册、智慧平台、专业书籍等资源查找有效信息					
任务实施情况	是否了解芝麻的类型及芝麻良种对生产的作用					
	是否理解芝麻播前准备的技术要点					
	是否会应用芝麻的整地技术					
	是否会选用良种及芝麻形态特征和类型的识别					
	是否会处理芝麻种子					
参与状态	是否按时出勤					
	是否积极参与任务实施					
	是否能与老师、同学保持多向、丰富、适宜的信息交流					
	是否积极思考问题，能提出有价值的问题或发表个人见解					
	是否服从老师的管理					
经验收获						
反思建议						

项目二　播种

学习任务

1. 了解芝麻的播种时间。

2. 理解芝麻不同的播种方式对芝麻生产的作用。

3. 会计算芝麻亩用播种量，会指导芝麻生产实践播种。

4. 掌握芝麻播种技术。

学习准备

课前自主学习本项目的活页资料，完成学习准备检测。

一、芝麻适期播种的意义

芝麻的播种适期主要取决于土壤温度。播种过早，种子长期处于_____温的土壤中，呈休眠状态，易因病虫害危害而烂种；播种过晚会因_____生育期而影响产量和品质。

二、芝麻的合理密植

1. 芝麻合理密植，能增加单位面积土地上的种植株数，扩大_____，充分利用_____能和地力，协调个体与_____之间的矛盾，使其生产更多的有机物质，是提高产量和质量的一项有效措施。芝麻合理密植能增产_____%左右。

2. 合理的种植密度应根据芝麻_____特性、土壤_____水平、播种期、播种季节等综合考虑。一般情况下，单秆品种的种植密度约 1.2 万株，分枝型品种应稀一些，但不得少于 0.6 万株。

任务实施

任务 1　确定芝麻的适宜播种期

"春种一粒粟，秋收万颗子"。对于芝麻来说，确定芝麻的适宜播种期至关重要。利用学习准备资料、查阅专业书籍、网络搜索等途径，合作探究芝麻的适宜播种期的确定，完成表 11.4，在班级群内分享并学以致用指导当地的芝麻生产。

表 11.4 芝麻适宜播种时间的确定

适期播种的意义	播种适期的确定	不同区域的芝麻播期

任务2 计算芝麻播种量

农科人员使用点播法进行芝麻育种试验。航丰 1 号是中早熟品种，每亩播种 7 000 株，田间每穴点种 6 粒种子，芝麻的千粒重为 3 g，发芽率为 90%，田间出苗率为 80%，计算每亩应播多少 kg 种子。探究种苗播种量的计算方法，完成表 11.5。

表 11.5 计算芝麻的播种量

每亩计划基本苗数 7 000 株	计算过程
每穴点种 6 粒种子	
千粒重为 3 g	
发芽率为 90%	
田间出苗率为 80%	
芝麻播种量	＿＿＿＿＿＿＿kg

任务3 确定芝麻的播种方式

目前，芝麻播种方法主要采用撒播方式，但其行距大小及行距配置依地力和产量水平而异。我国北方通常采用的播种方式：＿＿＿＿＿＿＿＿＿＿＿＿＿＿＿。芝麻种子小，要注意避免播种过深，一般掌握在 3 cm 左右为佳，以保证顺利出苗。

任务4 提高芝麻播种质量

提高播种质量是保证芝麻苗全、苗匀、苗壮，实现芝麻丰产的基础。查阅资料，补充完善表 11.6。

表 11.6 提高芝麻播种质量技术

提高芝麻播种质量的措施	目的
精选种子	苗齐、苗壮、增产
足墒匀墒播种	
播种深浅和覆土厚薄均匀一致	

任务反思

找准芝麻生产中存在的问题和技术需求，突破芝麻加工技术和产品开发的瓶颈，解决产业链条延伸急需解决的难题，将有效促进当地旱作农业、特色农业、绿色农业、品牌农业的发展，助力农业结构调整、产业扶贫。积极与当地农民朋友交流探讨——芝麻生产如何在乡村振兴中发挥小众作物的大作用？

任务拓展

芝麻的育苗移栽技术

为了延长芝麻的生长期，提高芝麻产量，在水肥条件较好和劳力充足的地区，除了直播外，还可实行育苗移栽。移栽前一个月育苗，包括：苗床的准备、育苗过程、移栽前的准备、移栽等。请根据芝麻苗移栽的特点，有针对性地参与生产实践或虚拟仿真实训，制订出一个完整的芝麻育苗移栽的技术方案，以确保芝麻育苗移栽的成功进行。

项目评价

班级		姓名		日期		
评价指标	评价要素			自评	互评	师评
信息获取	能否有效利用网络、工作手册、智慧平台、专业书籍等资源查找有效信息					
	是否会确定芝麻的播种时间					
	是否会运用芝麻育苗移栽技术					
	是否会计算芝麻的播种量，是否会指导芝麻生产中的实践播种					
	是否掌握芝麻播种技术					
参与状态	是否按时出勤					
	是否积极参与任务实施					
	是否能与老师、同学保持多向、丰富、适宜的信息交流					
	是否积极思考问题，能提出有价值的问题或发表个人见解					
	是否服从老师的管理					
经验收获						
反思建议						

项目三　田间管理

学习任务

1. 了解芝麻各时期的生育特点。
2. 理解芝麻各时期田间管理的主攻目标。
3. 掌握芝麻的田间管理技术。
4. 会确定芝麻适宜收获期。
5. 制订芝麻的田间管理技术方案。

学习准备

课前自主学习本项目的活页资料，完成学习准备检测。

一、芝麻的生育特点

芝麻生长过程中的生长发育的特点，包括 _____ 温、喜光照、不耐水涝、对土壤要求不严等。了解这些特点，有助于我们在种植芝麻时采取合适的栽培管理措施。

二、芝麻的一生

1. 生育期是指芝麻从播种到收获的整个生长过程。在中国，芝麻的生育期通常为 _____ 至 120 d，具体时长取决于品种和生长环境。

2. 芝麻的生育时期可以分为发芽期、幼苗期、_____、结果期和成熟期。掌握每个时期的特点，对症下药，可以有效提高芝麻的产量和品质。

三、生产意义

1. 芝麻是中国重要的油料作物之一，其种子含有丰富的 _____，对人体健康有益。此外，芝麻还具有很高的药用价值，可用于滋补肝肾、润肠通便等。

2. 芝麻产业助力农业种植结构调整、产业扶贫和乡村振兴，关键是以新品种培育、旱作雨养技术推广为抓手，围绕三产融合推进芝麻产业高质量发展。芝麻品种选育和新技术推广的意义：

_____

_____

四、产量构成因素

芝麻的产量主要由种子数量和种子 _____ 决定。要提高芝麻产量，可以采取选择高产优质品种、合理密植、科学施肥、病虫害防治等措施。

任务实施

任务1 实施前期田间管理

苗期生长较慢，对养分、水分吸收少，应先促后控，促根蹲苗。2~3对真叶间苗，4~5对真叶定苗，出苗15~20 d后可中耕培土，实现壮苗早发。

根据此期的生长发育特点及主攻目标，有针对性地参与生产实践或虚拟仿真实训，补充完整表11.7。

表11.7 芝麻前期田间管理技术

技术要点	具体要求
1. 及时查苗补苗	芝麻在出苗后要进行"一疏二间三定苗"，苗期要勤观察，做到早 _____，及时 _____，在芝麻十字叶展开时，掐去疙瘩苗，出第2~3对真叶时间苗2次，出第4~5对真叶时定苗；定苗时间不宜过早。在病虫害严重时，要适当增加间苗次数，待幼苗生长稳定时，再行定苗；如播后遇雨地表形成板结，要及时破除板结；发现缺苗时，尽早用备用苗带土移栽，及时补苗
2. 加强水肥管理	（1）施肥 在降雨持续、机械无法进地的情况下，及时采用无人机喷施杀菌剂、生长调节剂和叶面肥。一般亩追施尿素5~7 kg左右；叶面喷施1%尿素和0.2%磷酸二氢钾溶液；喷施适量的芸苔素内酯、生长调节剂、NEB菌肥等。 施肥实施步骤： （2）灌溉 用滴灌、喷灌等形式进行灌溉，确保一次性浇透。忌大水漫灌，及时中耕、培土，以防倒伏。雨季前清理沟渠，确保雨后田间无明水、隔夜能降渍。遇到阴雨天气，尽快疏通田块围沟、畦沟和腰沟，尽早排出田间积水，为下次降雨做好应急准备。 灌溉实施步骤：
3. 病虫害防治	主要病害 / 主要虫害 防治措施： / 防治措施：

任务2 实施中期田间管理

芝麻正处于营养生长和生殖生长并进时期，对水分、养分的需求巨大，是芝麻生长与开花结荚的关键时期，芝麻也易因生长发育失调而发生植株徒长、落花落蒴现象。根据此阶段芝麻的生长发育特点及主攻目标，有针对性地参与生产实践或虚拟仿真实训，整理中期田间管理技术方案，完成表11.8。

表11.8 芝麻中期田间管理技术

技术要点	具体要求		
1. 防旱	芝麻虽然是耐旱作物，但过于干旱对芝麻生长影响较大，易造成芝麻落蕾、落花，植株矮小，产量降低。近期，连续高温、少雨，要及时防旱。 注意问题：一般伏旱5~7 d要及时灌水抗旱，在下午_____点以后，随浇随排，最好夜间浇跑马水		
2. 防涝	暴雨过后要及时清沟排渍，做到雨后厢面无明水，并结合除草松土，进行培土防止大风暴雨造成倒伏		
3. 适时中耕	中耕可以防止草荒、防止板结，还可以防旱、排水，在盛花期前尽量做到有草就锄、雨后必锄，有利于根系发育和土壤微生物活动。		
4. 适时追肥	对于芝麻长势较弱的地块，结合中耕、浇水或降雨时每亩追施尿素5~10 kg，花期结合防治病虫害进行_____喷肥，对增蒴、攻粒、保叶具有较大的作用		
5. 病虫害防治	主要病害		主要虫害
	防治措施：	防治措施：	

任务3 实施后期田间管理

当前芝麻陆续进入终花成熟期，该期营养生长停止，以生殖生长为主，植株各器官的营养物质迅速，向蒴果运输、转化和积累，是夺取芝麻高产的关键时期。该期，田间管理的主攻目标是保根护叶，力争蒴大、粒饱、含油量高。根据此阶段芝麻的生长发育特点及主攻目标，有针对性地参与生产实践或虚拟仿真实训，整理后期管理技术方案，完成表11.9。

表 11.9　芝麻后期田间管理技术

技术要点	具体要求
1.适时打顶、防止打叶	芝麻适时打顶可增加有效_____籽粒数，使籽粒饱满，可早熟增产。一般在植株下部蒴果接近成熟而上部仍在开花时，掐去植株顶端 1 cm 左右。 芝麻叶片能制造营养物质，对产量和含油量有着很大影响。芝麻摘叶后导致芝麻黄梢尖变长、秕粒增多、千粒重下降。因此，要严禁芝麻生长后期摘叶，可以降低无效营养消耗，提高产量。 实施步骤：
2.叶面喷肥	在生育后期可适当喷施_____和_____，如：磷酸二氢钾和 40% 多菌灵，防止叶片衰老，提高根系活力。 实施步骤：

3.病虫害防治	主要病害			主要虫害		
	防治措施：			防治措施：		

4.适时收获	收获方法	收获时间	收后处理
	机械联合收获		
	割晒机分段收获		

任务反思

近年来，受全球气候变暖、耕作栽培制度变化、国际农产品贸易频繁等多种因素的影响，我国农作物病虫害暴发频率逐年提高，损失逐年加重。因此，研究农作物的病虫害防治技术是一项非常重大而且具有现实意义的任务。掌握芝麻病虫害的传播途径，了解芝麻病虫害的发生规律，对于实施无公害综合防治尤为重要。如果你是农技推广员，请你积极为广大农民朋友分享芝麻生产病虫草害防治新技术。

任务拓展

小芝麻也可成就大产业

促进农村一二三产业融合发展，是以习近平同志为核心的党中央针对新时期"三农"形势作出的重要决策部署，是推动农业增效、农村繁荣、农民增收的重要途径，是实施乡村振兴战略、加快推进农业农村现代化、促进城乡融合发展的重要举措。实行芝麻的订单生产，以"旱作雨养、轻简化栽培技术"延伸产业链，不断提升芝麻产品附加值，能推动芝麻产业高质量发展。稳定一产，做强二产，做优三产，小芝麻也可成就大产业，助力产业扶贫和乡村振兴有重大意义和作用。

利用课余时间调研探究：一二三产业融合发展在芝麻行业中催生新产业、新业态及开辟农业就业新途径等方面有何积极意义。

项目评价

班级		姓名		日期		
评价指标	评价要素			自评	互评	师评
信息获取	能否有效利用网络、工作手册、智慧平台、专业书籍等资源查找有效信息					
任务实施情况	是否了解芝麻化学除草的方法和适时间苗的标准					
	是否理解摘除顶芽对芝麻生产的作用					
	是否了解芝麻不同时期的灌、排水和施肥的技术要求					
	是否会叶面喷肥、适时收获					
	能否制订芝麻的田间管理技术方案					
参与状态	是否按时出勤					
	是否积极参与任务实施					
	是否能与老师、同学保持多向、丰富、适宜的信息交流					
	是否积极思考问题，能提出有价值的问题或发表个人见解					
	是否服从老师的管理					
经验收获						
反思建议						

模块拓展

芝麻大规模机械化采收新技术

河南 1 万多亩芝麻陆续进入成熟期，首次实现了大规模的机械化收割。就像收割水稻和小麦一样，收割机在收割芝麻的同时，秸秆也可以同步实现粉碎还田。这样一台机器平均每天能收 100 多亩，而传统的靠镰刀人工收割一天只能收 1 亩多，机械化收割效率非常高。芝麻的机械化收割非常难，这跟芝麻的生长属性有关。传统品种的芝麻，果实是自下而上地生长，下面的果实先成熟，上面的后成熟。如果进行机械化收割，下面先成熟的果实被机器一碰就会掉下来，损失很大。

据悉，河南芝麻之所以实现大规模机械收割，诀窍有两个：第一个是改良品种，第二个是改进机械。河南选用的都是适合机收的新品种，籽粒从下而上，成熟期比较一致，果实不容易开裂，不容易掉籽。同时，植株高度大概 1.8 m，比较适于大型机械化的收获。

图 11.1　芝麻大规模机械化采收

以往没有专门用来收割芝麻的收割机。为此，河南集中科研人员联合攻关，研发出了专门的割台。收割机还是普通的收割小麦、玉米的收割机，只是对割台进行了改进。置换专用的割台，就可以用来收获芝麻。收完芝麻以后，再把割台换掉，就可以收获其他的农作物。据农机手介绍，通过使用该机器收获，芝麻的损耗率能够控制在 3% 以内，损耗率相当低。通过芝麻品种的改良和机械的改进，今年河南省 170 多万亩的芝麻实现了大规模机械化收割（图 11.1）。芝麻浑身都是宝，不仅秸秆粉碎后可以还田当肥料，而且芝麻叶晒干以后还是一种非常好的干菜，芝麻的精深加工产品更是琳琅满目，有芝麻酱、芝麻油、芝麻饼等。随着机械化的全面提升和产业链的不断拉长，老百姓的收入"芝麻开花节节高"。

通过新品种、新技术的融合，实现了芝麻生产的全程机械化。请利用课余时间调研探究：全程机械化采收的前提是什么？

通过分析上面的资料，我们知道芝麻大规模机械化采收新技术的应用及推广离不开适合机收良种的配套。请谈谈对于贯彻"藏粮于地、藏粮于技"战略，推动良田、良种、良机、良法、良制"五良"融合发展的个人看法。

模块十二

烟草生产技术

学习内容提要

- ■栽前准备：选用良种、适时育苗、科学整地。
- ■移栽：确定适宜的移栽期、合理移栽。
- ■田间管理：肥水管理、病虫害防治等。

学习目标

- ■素质目标：通过学习，逐步养成和具备工程思维的工作意识、科学严谨的学习态度、精益求精的工匠精神、助农爱农兴农强农的"三农"情怀；具备国家农业战略安全意识。
- ■知识目标：了解烟草的生育期、生育时期、影响烟草生长发育的因素，掌握烟草的品质特征，烟叶的成熟过程、烟叶烘烤过程中温湿度的控制原则。
- ■技能目标：确定烟草移栽适宜期、烟草的合理密度，能够科学规范地进行烟草的良种选择、种子处理、栽前整地、适期育苗、移栽、田间管理、病虫害防治、适时收获。

重难点

- ■重点：烟草的育苗、移栽、田间管理。
- ■难点：选用良种、确定播种适期、处理种子。

项目一　栽前准备

学习任务

1. 了解烟草的品种类型，具备选择良种的能力。
2. 掌握烟草育苗技术、苗床阶段管理技术。
3. 会科学整地，完成栽前准备工作。

学习准备

课前自主学习本项目的活页资料，完成学习准备检测。

一、烟草的生物学特点

烟草作为重要的经济作物，具有广泛的种植和应用。认识和了解烟草的生物学特性、起源以及对环境条件的要求，对于提升烟草播种技术、育苗移栽技术、大田管理以及病虫害防治技术、优化烟草品质、进行遗传育种研究和增加经济收益等方面，显得尤为必要。

通过教学平台、网络、专业书籍等渠道，探究学习烟草的生物学特性，完成表12.1。

表 12.1　烟草的生物学特性

烟草器官	生物学特点	对烟草种植的启示
根	1. 分布深度： 2. 烟碱的合成部位：	1. 施肥的深度： 2. 培土技术： 3. 促进根系生长的土壤环境：
茎	1. 有无分枝： 2. 茎的粗细与烟叶大小关系：	烟草茎顶端出现花蕾后，为保证烟叶的产量和品质，应采取 ＿＿＿＿＿＿＿
叶	1. 烟草叶片为 ＿＿＿＿＿＿； 2. 叶片的功能：	不同的叶片，成熟期不同，收获时可以采取 ＿＿＿＿＿＿＿

烟草器官	生物学特点	对烟草种植的启示
花、果实、种子	1. 花序为： 2. 传粉方式为： 3. 果实类型：	1. 烟草为茄科植物，所以前茬作物不能是 _____、_____、_____ 等。 2. 开花对烟叶产量和品质的影响： 烟草种皮坚硬，所以播种前应 _____

二、烟草对环境条件的要求

通过教学平台、网络、专业书籍等渠道，探究学习烟草生长对环境条件的要求，完成表 12.2。

表 12.2　烟草生长对环境条件的要求

环境条件	烟草生长对环境条件的要求
温度	1. 烟草是 _____ 2. 最低温度： 3. 最高温度： 4. 适宜温度： 5. 适宜生长的区域：
光照	1. 烟草是 _____ 2. 光合作用：充足而不强烈的光照能 _____；光照不足 _____ 3. 光周期：若采叶为主，则 _____；若留种用则 _____
水分	1. 烟草叶片大，含水量多，未成熟的烟叶含水量达 _____，成熟叶内含水量达 _____ 左右。烟草相对比较耐旱，但为了获得理想的产量与优良的品质，适合种植在 _____ 的地区。 2. 在温度和土壤肥力适中的条件下，降水充足，_____；若降水不足，土壤干旱，则 _____。 3. 烟草在生育前期，土壤含水量为其田间最大持水量的 _____ 有利于协调烟株的地下部与地上部的生长发育；生育中期土壤水分含量为田间最大持水量的 _____ 时较为有利；烟株生长后期，土壤水分含量以田间最大持水量的 _____ 左右为宜
土壤	1. 烟草对土壤的适应性 _____ 几乎在各类土壤中都能够生长。 2. 土壤 pH _____ 为烟草适宜类型范围。 3. 在一定范围内，_____ 土壤较为适宜。 4. 有机质含量 _____，富含 _____ 的土壤是生产优质烟的重要条件

三、烟草的经济价值及我国烟草的种植现状

（一）烟草的经济价值

1. _____

2. _____

3. _____

4. _____

5. _____

（二）我国烟草的种植现状

中国生物多样性保护与绿色发展基金会援引数据指出，中国是烟草种植第一大国。云南、贵州、河南排名居于前三，特别是云南，40.9 万公顷的种植面积占据全国总种植面积的 _____。通过查阅学习资料，合作探究，完成表 12.3。

表 12.3　我国烟草主要种植区域

烟草主要生产区	相关省域
华北地区	
东北地区	
华东地区	
中南地区	
西南产区	
西北地区	

四、烟草良种选用

烟草的良种选用要遵循一定的原则和方法，结合当地实际和市场需求进行科学合理的选择和布局，以实现烟草生产的可持续发展。具体做法如下：

1. 在选择烟草品种时，要综合考虑 _____

2. 根据当地的种植历史、品种表现及市场需求，确定主导品种。同时，考虑 _____。

3. 明确主导品种后，扩大其种植面积，充分发挥其增产优势。通过科学管理和合理施肥等措施，提高烟草的产量和质量。

4. 根据市场需求和烟草品质区划的要求，合理安排种植布局。以市场需求为导向，确定各品种的种植面积和比例，实现烟草生产的 _____

五、烟草的品种

1. 选择品种时，要求做到"纯、净、饱、匀、新、抗"等特点，满足烟叶 _____、抵抗病虫草害、_____、品质优良的要求。

2. 田间落黄较好，耐成熟，易烘烤，上中等烟比例高，产值高的品种有 _____

_____

3. 根系较发达，比较耐旱，耐贫瘠，适应性较广，尤其适宜在丘陵山区的中等以下肥力地块种植的品种有 _____

4. 上下节距分布均匀。抗黑胫病、结线虫病和青枯病，抗爪哇根结线虫病，耐肥水，适应性广，叶片厚薄均匀、分层落黄好，易烘烤的品种有 _____

六、种子播前处理

1. 种子播前处理有多种方法，列举：

_____

_____

2. 要为种子的萌发和生长打下坚实基础，原因分析：

_____

_____

七、实践生产中，确定烟草适宜播期的依据有

_____

_____

八、作物育苗的播种方法很多，适合烟草育苗的播种方法是

_____

_____

九、育苗是烤烟生产的首要环节。培育出成苗适时、数量充足、整齐、健壮的烟苗，是完成烤烟种植计划的先决条件，是烟叶生产获得优质适产、高效低成本的基础。通过教学平台、网络、专业书籍等渠道，整理出烟草育苗的作用。

（一）烟草育苗移栽具有以下作用：

1. _____

2. _____

3. _____

4. _____

（二）烟草育苗的要求

1. _____

2. _____

3. _____

4. _____

十、烟草的一生可分为苗床和大田两个栽培阶段。小组合作探究，同时利用教学平台的资料及网络等媒体途径，完成表 12.4。

表 12.4　烟草苗床阶段生育时期

生育时期		时期范围	生长特点
苗床阶段	出苗期		
	十字期		
	生根期		
	成苗期		

十一、烟草包衣丸化种子生产技术

在烟草实际生产中，使用包衣丸化种子是非常普遍的。根据资料显示，烟草种子丸化包衣技术是一种综合性种子加工技术，它能够使种子体积扩大 80~100 倍，具有"省种、省工、省肥、省药"等优点。使用包衣丸化种子可以减少用种量，仅为裸种的 1/10，并且可以实现均匀播种和精确播种。

此外，种衣剂中含有的肥料和药剂在幼苗生长初期可以提供部分养分，并对烟草_____有一定的防治作用。扫描二维码 12.1，了解更多关于烟草包衣丸化种子生产技术规程。

二维码 12.1　一种烟草包衣丸化种子、制备方法及其育苗方法

任务实施

任务 1　烟草育苗

任务 1.1　选用良种

烟草选用良种对于提高烟叶质量、增加产量、增强抗病性至关重要，是烟草产业可持续发展的重要保障。通过教学平台、网络、专业书籍等渠道，整理出五个烟草良种的特征特性和适宜种植区域（云烟 87 已经整理好），完成表 12.5。

表 12.5　部分烟草良种的特征特性和种植区域

品种名称	农艺性状	抗病性鉴定	品质检测	种植区域
云烟 87	有效叶数 18~20 片，大田生育期 112 d，节距 6.0 cm，上下节距分布均匀	抗黑胫病、南方根结线虫病和青枯病，抗爪哇根结线虫病	平均亩产量为 174.2 kg，上等烟比例为 45.07%，比对照品种 K326 产量增加 3.2%	云南省

烟草良种主要具备烟叶长势均匀、抗病性好、成熟度一致等性状。指导农民朋友参考上述品种，同时也可以根据实际情况选择其他品种。此外，建议农民朋友咨询当地农业技术推广部门或参加相关的职业农民培训，以获取更多的种植指导和技术支持。

任务 1.2　处理种子

根据烟草种子处理阶段要求的程度与时间长短的不同，可将烟草种子处理分为 4 个步骤，请利用教学平台的资料及网络等媒体途径，探究并完成表 12.6。

表 12.6　烟草种子处理技术

处理技术	方法	技术措施	目的
精选			
晒种	场地要求：	时间：	
消毒	化学药剂消毒： 2% 的福尔马林溶液 1% 的硫酸铜溶液	步骤：	
催芽	1. 2. 3. 4. 5.	水分： 温度： 氧气： 光照	

任务 1.3　实施烟草育苗

农谚："有苗三分收，好苗一半收"和"苗好一片，烟好一坝"充分说明了培育出健壮的烟苗是烟草生产成功的基础。烟草育苗技术包括苗床准备、确定播期、确定播种量、确定播种方法等内容。

请根据烟草育苗要求及壮苗标准，有针对性地参与生产实践或虚拟仿真实训，将烟草育苗技术方案整理补充完整，探究并完成表 12.7。

表 12.7　烟草育苗技术

技术要点	具体要求		
1.选择苗床	苗床要求：		选择苗床的依据：
	苗床面积：		
	苗床规格：		
	苗床基肥施用：		
2.确定播期	适期播种意义： 确定播期的依据： 春烟播期： 夏烟播期：		
3.确定播量	确定播量的依据： 气温适宜，管理水平较高时，若种子发芽率高，则播种量宜 ＿＿＿＿＿＿＿＿＿＿＿ 气候条件不适宜，生产水平低，则播种量宜 ＿＿＿＿＿＿＿＿＿＿ 在生产技术较好的烟区，每标准畦播 ＿＿＿＿＿＿＿＿		
4.确定播种方式	常用的播种方式主要有 ＿＿＿＿＿＿＿、＿＿＿＿＿＿＿、＿＿＿＿＿＿＿ 等。 我国多数烟区习惯 ＿＿＿＿＿＿＿。 烟草撒播技术要点：		
	具体操作	技术措施	作用
	拌种		
	撒播		
	播后覆盖		
5.选用播种机械	选用现代化智慧播种机播种，下种均匀利于出苗均匀		
6.苗床管理	出苗期		
	十字期		
	生根期		
	成苗期		
7.病虫害防治	虫害		病害
	地老虎、烟青虫		炭疽病、猝倒病、立枯病
	防治技术：		防治技术：

烟草苗床阶段是烟草种植过程中的关键阶段，直接影响到移栽后烟草植株的生长状况和最终产量。因此，合理有效的苗床管理技术对于培育健壮、无病害的烟草幼苗至关重要。通过精细化管理，确保烟草幼苗在苗床阶段得到良好的生长环境，促进根系发育和叶片生长，提高幼苗的抗逆性和移栽成活率。

任务 2　科学整地

在烤烟移栽前，应针对不同的前作、不同的移栽时期，对植烟土壤进行整地、施基肥、起垄、覆膜等移栽前的准备工作。请利用查阅书籍等资料或网络搜索等途径，小组合作探究烟草栽前整地技术，完成表 12.8。

表 12.8　烟草栽前整地技术

科学整地	技术要求		作用
整地	1. 耕翻	（1）时间：	
		（2）深度：	
		（3）标准：	
	2. 平整：		
	3. 起垄	（1）时间：	
		（2）低起垄技术：	
		（3）高起垄技术：	
施肥	1. 施肥原则：		
	2. 施肥量：		
	3. 施肥方法：		
	4. 施肥注意事项：		
覆膜	1. 盖膜前：		
	2. 地膜选择：		
	3. 盖膜时：		
	4. 盖膜后：		

任务反思

在北方旱区烟苗的移栽提倡"两封土，一浇水，挖大穴，深栽烟"，即将烟苗放入穴中后封土浇水，在确保水分完全下渗后，再施毒饵防虫。然后，封第二次土，封土时一手将叶拢起，一手围土，切记要做到不按、不挤、不拍。最后，在表层再覆一层干土，以利通气保墒。请根据所学给农民朋友提出合理化建议。

任务拓展

全国烟草种子管理办法

中国烟草总公司制定了《全国烟草种子管理办法》（以下简称办法），要求各地予以执行。《办法》共 8 章 42 条，规定从事烟草新品种选育、种子生产、经营、种子管理工作的单位和个人，必须遵守本法。烟草生产必须使用由全国烟草品种审定委员会审定或认定的品种。扫描二维码 12.2，了解更多的全国烟草种子管理办法内容。

二维码 12.2　全国烟草种子管理办法

项目评价

班级		姓名		日期		
评价指标	评价要素			自评	互评	师评
信息获取	能否有效利用网络、工作手册、智慧平台、专业书籍等资源查找有效信息					
任务实施情况	能否熟练介绍烟草良种的特征特性					
	是否熟悉烟草的主栽品种					
	是否会处理烟草种子					
	能否掌握烟草育苗技术					
	能否正确进行烟草的整地、施基肥、起垄、覆膜等移栽前准备工作					
参与状态	是否按时出勤					
	是否积极参与任务实施					
	是否能与老师、同学保持多向、丰富、适宜的信息交流					
	是否积极思考问题，能提出有价值的问题或发表个人见解					
	是否服从老师的管理					
经验收获						
反思建议						

项目二　移栽秧苗

学习任务

1. 掌握烟草移栽技术。
2. 理解烟草移栽对烟叶生长的影响。
3. 会熟练进行烟草移栽操作。
4. 能够有效管理移栽后的烟草苗。

学习准备

课前自主学习本项目的活页资料，完成学习准备检测。

一、了解我国主要的经济作物

经济作物在我国农业中占有十分重要的地位。经济作物的产品具有特殊的使用价值。经济作物的生产对我国工业尤其是轻工业的发展具有举足轻重的作用，同时也是出口、创汇、增加国民经济收入的主要来源。你知道主要的经济作物有哪些？讨论探究并记录结果。

_____

_____

_____

二、农业生产是人类生存之本、衣食之源。我国以占世界7%的耕地养活了占世界22%的人口，无疑是对人类的重大贡献。而在这一贡献中，经济作物生产具有仅次于粮食作物生产的重要地位。这个说法有道理吗？请谈谈你的看法。

□有道理，原因分析：_____

□没有道理，原因分析：_____

三、轮作对烟草生产的意义有哪些？

_____

四、烟草秧苗移栽定植如何提高成活率？

_____

五、选择壮苗进行移栽对烟草生产具有哪些重要意义？

_____

_____

任务实施

任务1　确定烟草适宜的移栽期

适宜的移栽期就是把烟草大田生长期安排在适宜的气候条件下，充分利用有利因素，避开不利因素，合理安排好前后作物，以满足烟草生长发育对气候条件的要求。合作探究烟草移栽期的主要依据及适宜的移栽时期，完成表12.9。

表12.9　各地烟草移栽的时期

烟区	移栽时期		烟草移栽期的主要依据
	春烟	夏烟	
黄淮烟区			
西南烟区			
华南烟区			
华中烟区			
西北烟区			
东北烟区			

任务2　移栽

移栽是烟草生产中的关键环节，它对烟苗的正常生长和成熟、烟叶的产量和质量都有重要影响。根据教学平台的资料、专业书籍等，小组合作探究，制订烟草移栽技术方案，完成表12.10。

表12.10　烟草移栽技术

移栽技术	具体要求	理论依据	注意问题
选天移栽			
拉线定株			
挖穴施肥			
起苗移栽			

任务3　合理密植

不同种植密度，对烟草生长发育、产量和品质的形成有十分显著的影响。合作探究烟草合理密植的原则，扫描二维码12.3，探究不同种植密度对云烟87产量与品质的影响，完成表12.11。

二维码 12.3 不同种植密度对云烟 87 产质量的影响研究

表 12.11 不同种植密度对云烟 87 产量与品质的影响

影响指标	种植密度（株/公顷）				结论
	20170	18510	18180	16675	
叶面积系数					结论： 较适宜保山市 种植水平的 栽培密度为 _____
株高					
有效叶数					
产量					
产值					

任务反思

1. 在烟草种植和卷烟产量较多的云南省，两烟税利多年占全省财政收入约 70%，不仅为云南省解决了工业化和现代化所需的资金问题，还保障了农民收入，促进了农村经济发展。请你根据所学给农民朋友提出合理化建议，怎样合理种植烟草，解决烟草和粮食生产的矛盾。

建议：＿＿＿＿＿＿＿＿＿＿＿＿＿＿＿＿＿＿＿＿＿＿＿＿＿＿＿＿＿

2. 中国烟草行业在实行专卖制度以来虽然取得了十分显著的成绩，但这些成绩的取得是以特定历史时期的经济、政治、社会条件和国际环境等作为背景支撑的。随着时间的推移，一些原来支撑行业发展的背景条件已不复存在或已发生了深刻变化，一些新的问题和矛盾又不断地涌现出来。利用课余时间搜集资料，在班级群内分享自己的感受。

任务拓展

烟草的漂浮育苗技术

烤烟漂浮育苗是在温室或塑料棚条件下，利用成型的聚苯乙烯格盘（育苗盘）为载体，填装上人工配制的基质，播种后将育苗盘漂浮于苗池中，完成烟草种子的萌发、生长和成苗的方式。它集中体现了无土栽培、保护地栽培、现代控制技术育苗的先进性。

扫描二维码 12.4，了解更多关于烟草漂浮育苗技术。

二维码 12.4　烟草漂浮育苗技术

项目评价

班级		姓名		日期		
评价 指标	评价要素			自评	互评	师评
信息 获取	能否有效利用网络、工作手册、智慧平台、专业书籍等资源查找 有效信息					
任务 实施 情况	能否熟悉烟草移栽时期确定依据					
	能否熟练掌握烟草的移栽技术					
	能否熟练把握烟草合理密植的原则					
	是否会应用烟草的漂浮育苗技术					
参与 状态	是否按时出勤					
	是否积极参与任务实施					
	是否能与老师、同学保持多向、丰富、适宜的信息交流					
	是否积极思考问题，能提出有价值的问题或发表个人见解					
	是否服从老师的管理					
经验 收获						
反思 建议						

项目三　田间管理

学习任务

1. 了解烟草各时期的生育特点。

2. 理解烟草各时期田间管理的中心任务。

3. 掌握烟草的田间管理技术。

4. 会制订烟草的田间管理技术方案。

学习准备

课前自主学习本项目的活页资料，完成学习准备检测。

一、我国烟草在季节中的分布

在春季的冬闲地上栽培的烟称为春烟。在北方和南方的部分地区，常称为早烟。北方大多在 4~5 月份移栽。南方气温较高，在 2 月中旬至 3 月上旬移栽。东北寒冷地区，6 月份才能移栽。

你知道除了春烟，我国烟草移栽时间在季节中如何分布？讨论探究并记录结果。

_____

_____

二、烟草根的生长发育

烟草移入大田后，到叶片收获盛期以后，根的生长发育是烟草生产中的重要环节，是烟草高产、多抗、优质的内在因素，这个说法有道理吗？分析原因。

□有道理，原因分析：

_____

_____

□没有道理，原因分析：

_____

_____

三、烟草的大田阶段

烟草一生可分为苗床和大田两个栽培阶段。

烟草的一生：_____

烟草的生育期：_____

烟草的生育时期：_____

小组合作探究烟草大田阶段的生长发育特点及田间管理的主攻目标，完成表12.12。

表 12.12 烟草大田阶段的生长发育特点及田间管理的主攻目标

生育时期		生长发育特点	主攻目标	时期范围
大田阶段	还苗期	水分吸收：根系 水分散失：叶片 结论：幼苗水分亏缺，易萎蔫甚至干枯		
	伸根期	根系： 叶片： 结论：地下部比地上部生长快		
	旺长期	现蕾时，根系 茎秆： 叶片： 花芽：		
	成熟期	下部叶： 花芽： 腋芽：		

四、打顶和除腋芽

烟草的收获器官为叶片，现蕾后，生产上常采取打顶和除腋芽的措施。需要打顶和除腋芽的作物：_____

打顶和除腋芽的目的：_____

五、烟草大田期间，病虫害的威胁种类繁多，因此，病虫害的防治工作显得尤为关键。通过精心的管理和科学的防治策略，可以有效保护烟草作物，确保其健康成长，从而保障产量和品质。列举常见的烟草病虫害。

_____

_____

六、我国一些烟草主产区从不同的角度，提出了优质烟田间长相的特征。"三一致"的长相标准，即烟苗大小一致、烟株高矮一致、同部位烟叶成熟一致。

这个说法有道理吗？请谈谈你的看法。

□有道理，原因分析：_____

□没有道理，原因分析：_____

七、烟草的产量构成因素有哪些？如何理解"优质适产"？

_____

_____

_____

任务实施

任务 1　实施烟草前期田间管理

烟草生长的前期包括还苗期和伸根期。烟苗移栽时，根系或多或少要受到损伤，吸收能力暂时减弱，而地上部分的蒸腾作用仍然照常进行，从而造成烟株体内水分亏缺而出现萎蔫现象，甚至会干枯进而缺苗。同时，此期也是根系伸展的关键时期，生长中心是地下部根系；地上部生长缓慢，这一阶段是决定烟叶片数的关键时期。

根据此期烟草的生长发育特点及主攻目标，有针对性地参与生产实践或虚拟仿真实训，了解更多关于烟草病虫害的知识，制订烟草前期的田间管理技术方案，完成表12.13。

表 12.13　烟草前期田间管理技术

技术要点	具体要求				
1. 查苗补缺	缺苗的原因： 移栽后 ＿＿＿＿＿＿＿＿＿＿＿，及时补苗				
2. 疏松表土，提高地温，增进地力	此期中耕的目的： 中耕技术：				
3. 中耕培土	中耕目的： 培土目的： 具体实施				
4. 浇水追肥	追肥原则： 追肥种类： 追肥的同时结合浇水，防止干旱				
5. 病虫害防治	主要虫害		主要病害		
	烟青虫	烟蚜	花叶病	黑胫病	根黑腐病
	防治措施：		防治措施：		

任务 2　实施烟草中期田间管理

烟草生长中期是烟草的旺长期，此期烟草营养生长与生殖生长并进，生长中心转移到地上部分，是决定烟叶产量与品质的关键时期。肥水过少或过多，都会对烟叶质量造成不利影响。此期田间管理的主攻目标是促烟株稳长，促叶片增重，使烟田个体与群体协调发展，烟株旺长不徒长。请根据此期烟草的生长发育特点及主攻目标，有针对性地参与生产实践或虚拟仿真实训，制订中期田间管理技术方案，完成表 12.14。

表 12.14　烟草中期田间管理技术

技术要点	具体要求					
1. 浇好 旺长水	原则：以水调肥，以肥促长 目的：促中有控，促而不过					
2. 防治旺长 期病虫害	主要虫害		主要病害			
	烟青虫	蚜虫	花叶病	黑胫病	根结线 虫病	叶斑病
	防治措施：		根结线虫病综合防治措施：			
3. 防涝、防 积水	出现原因： 具体措施：					

任务 3　实施烟草后期田间管理

烟草后期也即烟草的成熟期。烟株现蕾后，下部叶片逐渐衰老，叶片自下而上逐渐落黄成熟。由营养生长转入生殖生长，＿＿＿＿＿＿＿＿＿＿＿＿＿＿是决定烟叶品质的关键时期。成熟期烟田管理的主攻目标是减少养分的非生产消耗，增加叶重，防止早衰与贪青晚熟。请根据此期烟草的生长发育特点及主攻目标，有针对性地参与生产实践或虚拟仿真实训，制订烟草后期田间管理技术方案，补充完整表 12.15。

表 12.15　烟草后期田间管理技术

技术要点	具体要求	
1. 及时打顶、抹杈	打顶	打顶目的： 具体措施：一般在现蕾初花进行，留叶数 18~22 片 / 株
	抹杈	抹杈目的： 具体措施：一般人工抹芽每 3~5 d 一次，芽长不超过 3 cm； 也可用烟草化学抑芽剂除芽
2. 及时收获脚叶和下二棚烟叶	脚叶是指： 下二棚叶是指： 具体措施：打顶前后清除脚叶，及时收获下二棚叶 技术目的：	
3. 控制水肥	出现原因： 具体措施：	

4. 防治病虫害	主要虫害		主要病害			
	斜纹夜蛾	烟青虫	赤星病	野火病	黑胫病	青枯病
	斜纹夜蛾防治措施：		防治措施：			

5. 适时采收烟叶	烟叶的成熟过程： 成熟烟叶的外观特征： 烟叶采收的原则： 烟叶采收的要求： 烟叶采收的时间和方法：

任务反思

烟碱又称为尼古丁，是烟草中含量最多的一种生物碱。烟碱早期作为生产烟酸的原料，后来主要用于生产杀虫剂和卷烟添加剂。目前，作为新兴的"生物农药"和"绿色农药"，烟碱复配高效、低毒、低残留的无公害农药。另外，尼古丁可通过刺激中枢神经系统来产生一系列生理和心理效应，其中包括提神、改善注意力、增强情绪等。然而，由于其成瘾性，长期使用烟草制品可能导致身体和心理健康问题。对此，你有什么看法和认识？

任务拓展

烟草的轮作倒茬

在烟草轮作周期中前作的选择是轮作成败的关键，通常选择烟草前作主要从以下两个方面来考虑：一是前作收获后土壤中氮素的残留量不能过多，否则烟草施肥时氮素用量不易准确控制，直接影响烟叶的产量和品质，因此，烟草不宜置于施用氮肥较多的作物或豆科作物之后。二是前作与烟草不能有同源病虫害，否则会加重烟草的病害，因此，茄科作物如马铃薯、番茄、辣椒、茄子等及葫芦科作物如南瓜、西瓜等都不能作为烟草的前作。扫描二维码 12.5，了解更多的烟草轮作制度。

二维码 12.5　烟草的轮作制度

通过二维码资料、搜索网络、查阅专业书籍等渠道，整理出下面烟草的轮作制度（春烟轮作制度一年一熟轮作已经整理好），完成表 12.16。

表 12.16　春烟轮作制度

轮作类型	轮作方式	轮作方式
一年一熟轮作	在东北烟区，一般在春烟之后实行冬季休闲，形成三年或四年轮作的一年一熟制	（1）春烟→玉米或大豆或高粱→谷子或玉米　　（辽宁） （2）春烟→玉米或大豆→大豆或玉米或高粱　　（吉林） （3）春烟→玉米或大豆→玉米　　（四川凉山）
两年三熟轮作		
三年五熟轮作		

项目评价

班级		姓名		日期		
评价指标	评价要素			自评	互评	师评
信息获取	能否有效利用网络、工作手册、智慧平台、专业书籍等资源查找有效信息					
任务实施情况	能否了解并熟练介绍烟草各生长阶段的生长发育特点					
	能否熟练掌握烟草的田间管理技术					
	能否熟练掌握烟草的病虫害防治技术					
	是否明确烟草的适宜收获期					
	能否熟悉烟草的轮作制度					
参与状态	是否按时出勤					
	是否积极参与任务实施					
	是否能与老师、同学保持多向、丰富、适宜的信息交流					
	是否积极思考问题，能提出有价值的问题或发表个人见解					
	是否服从老师的管理					
经验收获						
反思建议						

模块拓展

烟草的类型

根据烟草调制方法的不同，可以把烟草划分为若干类型。

一、烤烟

烤烟调制主要是以火管传热，叶片不直接与火接触，所以又被称为火管烤烟。火管被安排在烤房内，用人工来调节温度和湿度，受气候条件影响较小，而且可以缩短调制时间。

烤烟的品种较多，生产上应用的品种，一般是叶片在植株上分布疏散而均匀，叶片厚薄适中，以植株中部品质最好，栽培时不宜施用过多的氮肥，分次采收烘烤。成熟度好、组织疏松、橘黄色、叶片厚薄适中的烟叶，烤制后的烟草品质较好。

二、晾烟

晾烟实际是"自然调制法"，晾制时一般不直接放在阳光下，而是在烟叶收获后，用线穿或绑在烟杆上放在通风的室内或室外适当场所，完成其自然变化和干燥，是一个缓慢的调制过程。根据品种、栽培方法的不同，可以把晾烟分为以下几种。

1. 普通晾烟。当中部烟叶基本成熟时，将整个植株割倒，在地面上放置一段时间，散失部分水分，使叶片呈萎蔫状态后再运入通风室内，整株挂起，直至叶片和主脉全部干燥时再摘叶。

2. 白肋烟。白肋烟是 1864 年美国俄亥俄州白郎郡的一个农场，自小白肋品种的苗床中发现的突变品种。其叶脉和基部均为乳白色，所以就将这种烟草品种形象地命名为白肋烟。

白肋烟的栽培方法接近烤烟，但适宜于较肥沃的土壤，对氮素要求较烤烟高。其调制方法是逐叶收获后串在绳上，挂在晾棚或晾房干燥。

3. 雪茄。雪茄是英文 Cigar 的译音。雪茄烟内部填充用的称为心叶烟，颜色呈棕褐色，要求有良好的燃烧性，香味浓。生产这种烟叶而且品质较好的国家是巴西和菲律宾；填心外面包的一层叫内束叶，要求有较强的韧性，叶薄而大，支脉细小，组织细致，具有特殊的香味和吃味。

4. 马里兰烟。它是美国的一种淡色晾烟，原产于美国马里兰州（Maryland），也是古老的类型，叶片较薄而粗糙，烟碱含量低，燃烧性强。这种烟需要的土壤和白肋烟相似，但不宜太肥，我国吉林、安徽、湖北等省也有试种。

三、晒烟

晒烟全靠太阳辐射将烟叶晒干，也是一种古老的调制方法。在各地自然条件、栽培技术和晒制方法不同的情况下，形成许多晒烟类别，按晒后颜色的不同有晒红烟和晒黄烟之分（相当于国外的深色晒烟和浅色晒烟）。晒烟除供制造斗烟、旱烟、卷烟原料外，还可作为雪茄、鼻烟、嚼烟等制品。

1. 晒红烟。晒红烟一般在土壤较黏重、施肥较多、打顶较低、留叶较少的条件下形成，晒后叶呈黄褐色或红褐色，其化学成分中含糖量低，而蛋白质和烟碱含量较高，因此香味浓，劲头大。

2. 晒黄烟。晒黄烟一般是在土壤肥力不太高而打顶较高和施肥较少的条件下生产出来的，其化学成分近似烤烟。

3. 香料烟。香料烟又称东方型或土耳其型烟，在普通烟草中叶片最小，只有 5~20 cm 长，每株着生叶 30 片左右，株高 80~100 cm，叶片具有特殊的浓香，尤其是植株上部的叶片香味最浓，所以称为香料烟。油分充足，一般呈正黄、深黄或浅棕色，是混合型卷烟的重要原料，也可以配合入斗烟或丝烟。

4. 黄花烟。黄花烟是烟草属中的另一种（Nicotiana rustica），因其生长期短，耐寒性较强，适宜种植在高纬度或高海拔和无霜期短的地区。我国甘肃省兰州、皋兰的"水烟"、黑龙江"蛤蟆烟"和新疆的"莫合烟"，均以品质优良而驰名。吸用时主要用其叶子，但新疆的莫合烟则是将烟叶和茎秆混合捣碎，制成颗粒供吸用。

四、熏烟

熏烟也称为明火烤烟，是美洲调制烟叶的古老方法之一。

通过网上查询、走访农业主管部门和烟草种植大户，调查当前国内推广的烟草主要品种及类型，进一步明确当前栽培的烟草品种的品质和产量水平。

参考文献

［1］马新明，郭国侠.农作物生产技术（北方本）［M］.北京：高等教育出版社，2014.

［2］秦越华.农作物生产技术［M］.北京：中国农业出版社，2018.

［3］李振陆.作物栽培［M］.北京：中国农业出版社，2002.

［4］邹乾东.花生高产种植技术要点［J］.现代农村科技，2022（11）：13-14.

［5］张玉先，谢甫绨，曹亮.大豆高质高效生产200题［M］.北京：中国农业出版社，
　　2022.

［6］何咏梅，杨雄，王迪轩.大豆优质高产问答［M］.北京：化学工业出版社，2020.

［7］原霁虹，韩黎明，尹彩云.马铃薯生产技术［M］.武汉：武汉出版社，2015.

［8］陈忠辉.农业生物技术［M］.北京：高等教育出版社，2001.

［9］曹雯梅，王立河.农作物生产技术（北方本）［M］.3版.北京：高等教育出版社，
　　2023.

［10］马雄风.新疆棉花生产关键技术百问百答［M］.北京：中国农业科学技术出版社，
　　　2022.

［11］胡志超.花生生产机械化关键技术［M］.南京：江苏大学出版社，2017.

［12］张立明，王庆美，张海燕.山东甘薯资源与品种［M］.北京：中国农业科学技
　　　术出版社，2016.

［13］谢中坤.烟草育苗苗床制作与床土配制技术［J］.现代农村科技，2022（1）：
　　　24-25.

［14］张俊.我国烟草育苗技术现状及推广策略［J］.河南农业，2017（29）：22-23.

［15］董建新，苏建东，王刚，等.我国烟草育苗技术现状分析［J］.中国烟草学报，
　　　2015，21（1）：119-21.

［16］丁万红，唐勇，张瑜琨，等.烟草育苗技术［J］.农村科技，2014，（5）：51-52.

［17］郑世燕，丁伟，曲平治，等.烟草保健育苗关键植保技术［J］.植物医生，2014，
　　　27（1）：36-37.

［18］赵丹.烟草（Nicotiana tabacum L.）降烟碱代谢调控的分子机制研究［D］.贵阳：
　　　贵州大学，2016.